# FRAMTIDSHOPP ELLER KLIMATÅNGEST?

## Himmel eller helvete?

Lars-Arne Sjöberg

Tidigare utgivna böcker av samma författare:

1. Sverigedemokraterna – inifrån och utifrån.
2. ...och den ljusnande framtid är vår?!? - Vad vet vi och vad tror vi om framtiden.
3. Lever vi av räntan eller tär vi på kapitalet? Att hushålla med jordens resurser.
4. Nya Sverige och de nya svenskarna - Mångfaldens möjligheter och utmaningar.
5. Vårt dagliga bröd giv oss idag - Kommer maten att räcka till?
6. Fossil energi måste ut - Vad kommer i stället?
7. Nu blir vi digitaliserade – Vi blir 1:or och 0:or.
8. Såga, bränna, koka eller...? – Skogen en guldgruva.

Bild framsidan: https://pixabay.com/sv/illustrations/klimatf%C3%B6r%C3%A4ndringar-2063240/


Förlag: BoD – Books on Demand
Tryck: BoD – Book on Demand, Norderstedt, Tyskland
ISBN: 978-91-7851-809-8

FSC
www.fsc.org
MIX
Papper från
ansvarsfulla källor
Paper from
responsible sources
FSC® C105338

# INLEDNING

Tror du att vi lyckas bemästra bildningen av växthusgaser eller är du oroliga för utvecklingen? I det följande presenteras dagsläget med konsekvenserna av att fortsätta i samma riktning. Men här redovisas också allt vad som görs för att styra om utvecklingen i rätt riktning. Tror du att vi kommer att lyckas – är du optimist - eller är du pessimist och tror att loppet är kört?

Du har säkert lagt märke till att våra soptippar numera heter Återvinningscentraler. Tidigare lämnade vi vårt avfall osorterat i stora säckar varefter man dolde säckarna med ett lager jord. Framtidens arkeologer kommer att få mycket att rota i. Återvinning är viktigt. När våra varor tjänat ut ska de bli en del av en cirkulär ekonomi.

Förändringarna går fort och man känner sig maktlös inför det som sker. Okunskap ger en osäkerhet om hur framtiden ser ut. Syftet med denna bok är att öka kunskapen om framtiden och underlätta för dig att ta ställning. Men ge inte upp! Du kan påverka utvecklingen!

Framtiden är en balansgång – mellan respekt för klimathoten och hoppet på att vi ska gå en ljus framtid till mötes. Vi måste förena framtidstron med omsorg för vårt klimat.

Vi har stora utmaningar framför oss och det är viktigt att vi håller oss uppdaterade om utvecklingen. De stora och viktiga förändringarna måste regering, riksdag, myndigheter och näringslivet ansvara för. Men de är mottagliga för de argument, som du känner som viktigt att föra fram.

Vi måste få företagen att bortse från kortsiktiga ekonomiska åtgärder och lyfta blicken och se vart vårt jordklot är på väg.

Trots allt måste vi vara positiva och inte resignera eftersom ur resignation kommer likgiltighet och detta har vi absolut inte tid eller råd med.

*"Det var bättre förr"* eller *"Den gamla goda tiden"*. Säkert har du hört dessa påståenden. Men var det så? Under de 15 åren från det Sverige passerade befolkningsantalet 9 miljoner (2004) till idag när vi är över 10 miljoner (2019) har mycket blivit förändrat, och det mesta till det bättre.

## NÅGRA TYDLIGA SIGNALER OM FRAMTIDEN

När det gäller klimatet närmar vi oss *"the Tipping point"*. Wikipedia beskrivs det som den tidpunkt när vi uppnår *"globala klimatförändringar som gör att ett stabilt tillstånd övergår i ett annat stabilt tillstånd"* eller den punkt där utvecklingen *"tippar över"* och det sker omfattande permanenta förändringar. Man kan jämföra det med att man råkar välta ut ett glas vin. Även om man reser glaset så kommer vinet fortfarande att vara utspillt[1].

## Tröskelpunkter för klimatet[2]

Dagens klimatförändringar har skapar nya naturliga processer som kan påskynda framtidens klimatförändringar.

Nedanstående lista är hämtad från SVT, som har sammanställt nio vetenskapligt identifierade tröskelpunkter:

1. **Den arktiska havsisen smälter**

   Uppvärmningen av Arktis sker dubbelt så snabbt som det globala medelvärdet.

2. **Grönlandsisen smälter**

   Grönlandsisen skulle kunna nå en "tipping point" redan vid 1.5 graders uppvärmning.

3. **Världens stora barrskogar brinner och drabbas av sjukdomar**

   Uppvärmningen sker snabbare på norra halvklotet.

4. **Permafrosten börjar tina**

   I den frysta jorden ligger mängder av den potenta växthusgasen metan nedfruset.

5. **De Atlantiska strömmarna saktar ner**
   Att Grönlandsisen och Arktis smälter snabbbare ökar i sin tur inflödet av sötvatten i Atlanten.

6. **Regnskogarna i Amazonas**
   Regnskogens brytpunkt kan uppstå redan vid 20 procent förlorad skog. Sedan 1970 har Amazonas utbredning minskat med 17 procent.

7. **Varmvattenkorallerna dör**
   Om jordens medeltemperatur ökar med 2 grader kan så mycket som 99 procent av korallerna försvinna.

8. **Instabilitet i västantarktiska inlandsisen**
   Amundsenhavet har redan förändrats. Kan leda till en dominoeffekt som påverkar hela västra Antarktis.

9. **Delar av Östantarktis instabila**
   Ny data visar att en del av Östantarktis kan ha liknande problem som västantarktiska inlandsisen.

Följande vet vi säkert[3]:

- Svenskarnas utsläpp från hushåll och offentlig

konsumtion är ca 40 procent högre än det globala snittet, 10 ton $CO_{2ekv}$ per capita och år!

- År 2016 släpptes totalt ut 53 Gton $CO_{2ekv.}$ växthusgaser i hela världen. Av detta utgjordes 34 Gton $CO_{2ekv.}$ av fossila ämnen dvs. 64 procent.

Om framtiden vet vi inget säkert, men alla har vi förhoppningar. Är du positiv eller negativ när du blickar framåt? Du måste också ta med i beräkningarna att de förändringar vi vidtar nu kommer inte att märkas på klimatet förrän på många år, dvs. de molekyler $CO_2$ som vi släpper ut kommer att påverka klimatet kanske först om några år.

Efter genomgång av bakgrundsmaterialet för denna bok har jag identifierat några tydliga signaler. Några förändringar måste vi ta allvarligt redan nu och andra är viktiga även om vi inte ser kortsiktiga effekter av dem.

Expressen[4] och Metro[5] lyfter fram några exempel:

1. Vi vet att **växthuseffekten** kommer att medföra att våra havsnivåer stiger och med det följer extrema vädersituationer med översvämningar, tornados, extrem torka, jordskred m.m. Dessutom kommer ökenutbredningen att fortsätta. Perioder när vi tycker att vädret är som vi förväntar oss av respektive årstid blir mer sällsynta.

2. Vi vet inte hur **invandringen** kommer att påverka samhället. Hur kommer de politiska partierna att hantera detta mångkulturella land? Hur välkomnar vi våra nya svenskar? Statsministern anser att vi inte ska ta emot fler flyktingar än vi kan integrera i det svenska samhället. Då ställer man sig frågan om vi ska minska antalet flyktingar eller om vi ska förbättra våra insatser att integrera de nya svenskarna. Privata och offentliga företagare hävdar att vi redan nu har en arbetskraftsbrist.

3. Vi vet inte hur vårt land förändras när **klimatflyktingarna** också börjar komma. FN:s flyktingorgan (UNHCR) beräknar att det till år 2050 kommer att finnas mellan 250 miljoner och en miljard klimatflyktingar[6]. Detta ska jämföras med de 60-70 miljoner flyktingar vi har från det krigshärjade Mellanöstern.

4. Kommer **maten** att räcka till hela befolkningen? År 2050 beräknas vi vara 9,7 miljarder människor på jorden, en ökning med 33 procent från dagens 7,3 miljarder, enligt en ny prognos från FN[7]. Redan idag kan 875 miljoner inte äta sig mätta.

5. Vi vet att i Sverige ökar antalet **pensionärer** och den del av befolkningen, som är i åldern 20-64 år min-

skar, varför försörjningsbördan ökar för de yrkesverksamma. I huvudsak beror denna förändring på att vi har en ökad medellivslängd. En högre medellivslängd gör att vi kommer att ha en längre pensionärstid, vilket kan medföra ett ökat behov av socialt och medicinskt stöd.

6. Vi lever i en orolig värld, där det sker en **militär upptrappning**. 77 procent av svenskarna anser att Ryssland utgör ett visst eller allvarliga problem för fred och säkerhet i världen. Kan det utlösa oroligheter mellan stater, som tror man kan lösa världsproblemen med våld? [8]

7. Vi vet att vi är på väg in i en **digitaliserad värld,** där utvecklingen går fortare och fortare oavsett om vi hänger med i denna utveckling eller inte. Snart är all information om oss digitaliserad och vi lämnar digitala spår efter oss.

8. Vad kommer den ökade **robotiseringen** att innebära? Medför detta att en ökad polarisering i samhället, där klyftan mellan dem som drar nytta av den nya tekniken och dem som hamnar utanför blir allt större?

9. Vi vet att vi har ett **politiskt instabilt** läge i vårt land med den nu härskande blockpolitiken, som i kamp med ett populistiskt vågmästarparti gör landet svårt att regera och där *obekväma* och nödvändiga beslut blir svåra att driva igenom. Det är svårt för ett demokratiskt samhälle att enas om en uppoffring i dag för en oviss fördel långt in i framtiden. Eller för att uttrycka det mer exakt: En del motsätter sig åtgärder som är dyra på kort sikt och det är först våra barn och barnbarn, som ser effekterna långt fram i tiden. Det kan väl inte vara så att obekväma beslut ger dålig utdelning i nästa val? Är risken att inte bli omvald i nästa val det som styr besluten?

10. **EU:s oförmåga** att skapa ett solidariskt Europa, som tillsammans skulle kunna lösa framtidens utmaningar. Länder inom EU väljer det egna landet före en lojalitet med de övriga medlemsländerna. Ett exempel är det misslyckade försöket att fördela flyktingströmmen på ett solidariskt sätt.

11. **Artificiell intelligens** kommer att förändra många branscher. Till produkter och tjänster adderas nu i allt större utsträckning någon form av intelligens. Konsumenten kommer att få vänja sig vid att prylar blir smartare och att de inom en snar framtid börjar

*tänka* själva. Hur påverkas vardagen när omgivningen blir mer och mer intelligent?[9]

12. Efter en period med öppenhet, då murar rivits och gränser öppnats, går det nu mot en tid med **inneslutning och uteslutning**. Vi sluter oss samman i grupper och stänger övriga ute, det är vi och de andra. Både fysiska och mentala murar byggs upp och frågan är, vilka effekter kommer det att få? I södra Europa byggs staket för att hindra flyktingar, president Donald Trump bygger hinder mot Mexico, i Israel byggs murar för att skilja israeler och palestinier osv.

13. **Bill Gates**[10]:
    - *Oavsett om det sker på naturlig väg eller genom en avsiktlig terrorhandling, så säger epidemiologer att ett snabbt luftburet patogen kan ta död på över 30 miljoner människor på mindre än ett år. Och de säger också att det är en rimlig möjlighet att världen kommer uppleva en sådan epidemi inom de närmsta 10 till 15 åren.*

    Syftar han på Coronaviruset?

14. Vi har fått vänja oss vid begreppet – **gängrelaterade**

**brott**. Våra större städers förorter verkar nästan laglösa ibland. Personer skjuts ihjäl, bilar bränns, ett stort antal sprängningar orsakar förödelser, droger och missbruk förekommer och polisen ligger alltid steget efter. Vittnen skräms till tystnad och då hjälper det inte hur många andra brottsförebyggande insatser som görs från samhällets sida. Har gängen en rekryteringsbas hos ensamkommande flyktingbarn, som ofta fått ett utvisningsbeslut, men håller sig undan för myndigheterna? Om dessa inte får en anknytning till det svenska samhället riskerar de att bli gäng som drar omkring på gatorna i storstäderna och där de kanske saknar bostad, försörjning och hamnar i ett utanförskap och lever i en allmän rotlöshet.

15. **Urbaniseringen** fortsätter. Allt fler bor i de växande storstadsregionerna inklusive deras pendlingsorter, vilka har en betydande befolkningstillväxt. Glesbygden och mindre orter utanför pendlingsstråken har länge haft negativ befolkningsutveckling. Urbaniseringen medför att denna utveckling fortsätter. Ungdomar flyttar till orter med postgymnasiala utbildningar. Deras kommande arbetsmarknad finns inte i glesbygden utan i tätorterna. Vår migration påverkar också. I våra tre största städer inklusive deras förorter är 22,6 procent födda utomlands, medan

andelen utlandsfödda i hela landet är 17,9 procent. Samtidigt saknas bostäder i städerna, medan antalet ödehus i glesbygden ökar.

16. **Nya handelsmönster.** I Sverige handlar 80 procent av internetanvändarna på nätet, men bara var fjärde av dem handlar på utländska sajter. Elektroniska varor och tjänster behöver flöda fritt över gränser för att vi i EU ska kunna utnyttja informationsteknikens enorma potential. Samtidigt möjliggör detta köp av varor, som är förbjudna att sälja i Sverige[11].

17. Kommer **ökat terroristhot** att innebära en skärpt bevakning med kameraövervakning och regelbundet inpasseringskontroller liknande dem vi har på våra flygplatser?

18. **Vår nya livsstil**. Människor är idag är mer på språng och köper till exempel mer färdiglagad mat. Den traditionella kärnfamiljen har också förändrats och exempelvis fler singelhushåll ställer krav på nya typer av förpackningar av våra livsmedel."[12]

19. 90 procent av **ungdomarna saknar framtidstro**. De är oroade för arbetslöshet och 70 procent är pes-

simistiska inför kommande arbetsliv och framtiden.

20. I vår vardag kan vi se två förändringar – vi skriver inte brev längre utan **skickat mail** och vi har snart **det kontantlösa samhället.**

21. Sveriges **självförsörjningsgrad av livsmedel** är ungefär 50 procent. I tider med en ökande befolkning kan i förlängningen medföra att världsmarknadspriserna stiger på livsmedel och ev. kan det blir svårt att importera.

**Vad har andra sett i sina framtidsspaningar?**

Tidningen *PC för alla*[13] har presenterat olika framtidsvisioner

1 **Den förarlösa bilen.**

Enligt Eric Schmidt, tidigare VD för Google:

- *I min vision så är det datorer som sköter om körandet.*

2 **Artificiell intelligens**

Är inget nytt, men tekniken på området har gått fram med stormsteg.

3 **Datorn i bakfickan**

Tekniknördar har länge drömt om möjligheten att kunna bygga en komplett dator som ryms i bakfickan.

4 **Biologiska implantat**

En vision är möjligheten med implantat i formen av rfid-kretsar som kan kommunicera med terminaler i vår omgivning.

5 **Nanorobotar**

Är extremt små robotar som kan användas exempelvis inom sjukvården och hjälpa till vid komplicerade kirurgiska ingrepp.

6. **Datorn bevakar dig**

Microsoft arbetar med en teknik som kan användas för Windows 8 för att tolka dina kroppsrörelser tillsammans med ansiktsigenkänning.

7. **Det är tanken som räknas**

Forskare i USA har utvecklat en teknik som gör det möjligt att översätta dina hjärnvågor och sedan använda dessa för att styra en dator.

8. **Den elektroniska hushållspigan**

Det amerikanska företaget Willow Garage har släppt en hushållsrobot vid namn PR2, som kan utföra en mängd hushållssysslor, såsom hämta en öl i kylen och vika ihop tvätten.

Utöver ovanstående lista har Aftonbladet[14] tillsammans med experter på en rad områden tittat in i kristallkulan för att se vad svenskarna har att vänta.

1. **Framtidsyrken**
   Arbetsmarknaden kommer att se annorlunda ut om 20 år men det är inte tal om någon väntande massarbetslöshet. Vi kommer att ha fler som jobbar i tjänstesektorn om 20 år.

2. **Säkerhet och försvar**
   Blir det en konflikt i Östersjön kommer Sverige inte att kunna ducka. Gotland ligger där det ligger och är strategiskt viktigt för båda sidor.

3. **Vad gör USA och Ryssland**?
   Avgörande för framtiden blir helt enkelt vad USA och Ryssland gör om 20 år. Vi hoppas att Natos avskräckningspolitik lyckas.

4. **Terrordåd**
   Vi har redan fått uppleva detta i Stockholm och det finns ingen anledning att utesluta ytterligare terrordåd.

5. **Klimat**
   Sverige blir långsamt varmare. Om de höga utsläp-

pen av växthusgaser fortsätter kan medeltemperaturen 2020-2050 vara mellan 1,5 och 3 grader högre i landet jämfört med perioden 1961-1990.

6. **Mer regn**

   Trenden som den ser ut i dagsläget är att vi kommer att märka av mer årstidsvariationer i Sverige om 20 år.

7. **Befolkning**

   Sveriges befolkning har sprängt tiomiljonersvallen. Om 20 år kommer det bo nästan 12 miljoner i landet enligt Statistiska centralbyråns befolkningsprognoser.

8. **Hälsa**

   Allt som allt ser det ljust ut för Sverige på hälsofronten i framtiden. För de allra flesta i Sverige kommer det se bättre ut om 20 år jämfört med i dag. Teknik- och hälsoutveckling gör att vi blir friskare.

9. **En gryende hälsoklyfta**

   Att vi i genomsnitt får det bättre betyder inte att alla får det bra. Klyftan mellan de som har hälsan i behåll och de som har hälsobesvär ökar troligen fram till 2036. *Men* ökningen av multiresistenta bakterier kan bli ett problem.

10. **Ökat tryck på vården**
Ökad livslängd kan i kombination med en befolkningstillväxt göra att sjukhusen och vårdcentralerna i landet kommer att få fler att ta hand om.

Vi kan fortsätta och hitta fler förslag på trender[15]

1. **Åldrande befolkning**
En allt äldre befolkning ställer krav på vård och omsorg. Utmanande för länders ekonomier, men det skapar även möjligheter för näringslivet.

2. **Accelererande innovation**
Företag måste vara uppmärksamma på ny teknik som kan bli byggstenar för nya marknader.

3. **Robotar i hemmen**
Här har vi redan sett de första: Robotgräsklipparen och robotdammsugaren.

Om vi granskar ovanstående punkter, måste vi lyfta fram klimatfrågan som den absolut viktigaste. Det finns fortfarande sk. klimatförnekare. Dit får vi tyvärr räkna president Donald Trumph[16].

**Vad vet vi om framtidens klimat?**

Vi vet säkert[17,18]:

- Jordens medeltemperatur stiger. Den globala genomsnittstemperaturen är över en grad varmare än innan industrialiseringen. Det innebär att världen nu slagit värmerekord tre år i rad.

- Koldioxid, som är en växthusgas som vi producerar i hög takt, hjälper till att höja medeltemperaturen. Haven drar till sig ungefär en tredjedel av all koldioxid i atmosfären, vilket gör att vattnet blir varmare och surare och därmed kommer många korallrev att dö ut.

- Till och med i vårt bästa möjliga scenario kommer havsnivåerna att höjas med 0,5-1 meter till år 2100. Till och med en sådan rätt sparsam höjning skulle tvinga upp emot fyra miljoner människor på flykt.

- Forskare varnar för att golfströmmen på lång sikt är hotad[19]. Om koldioxidhalten i atmosfären fördubblas finns en risk att den livsviktiga havsströmmen försvagas dramatiskt, enligt en ny studie. Man har kommit fram till att havsströmmarnas cirkulation i Nordatlanten kan komma att försvagas allvarligt om koldioxidhalten i atmosfären når upp till mycket höga nivåer.

Det är visserligen så att växtligheten tar upp en del av den koldioxid vi släpper ut, men flera studier visar nu att växterna inte hjälper oss med detta i den utsträckning vi människor önskar.

**Risker, konsekvenser och sårbarhet för samhället**

SMHI har på uppdrag av Regeringen redovisat *Risker, konsekvenser och sårbarhet för samhället av förändrat klimat – en kunskapsöversikt*[20].

Man konstaterar att klimatförändringarna påverkar hela samhället.

- Översvämningsriskerna kring sjöar och längs vattendrag ökar, vilket kan påverka bebyggelse och infrastruktur.

- Vattentillgång och -kvalitet kommer att påverkas av förändrade nederbördsmönster, ökad spridning av föroreningar samt ökade mikrobiologiska risker.

- Energisystemet kommer att utsättas för större påfrestningar, särskilt av extrema väderhändelser.

- Kunskap och medvetenhet om klimatförändringarnas påverkan på kommunikationerna i samhället har ökat.

- Förutsättningarna för jordbruket förbättras i huvudsak med möjlighet till ökade skördar och nya grödor. Samtidigt kommer fler skadegörare och ogräs att dyka upp.

- Eventuellt minskat utbud av livsmedel på världsmarknaden, kan innebära ökad efterfrågan på svenska livsmedel. Samtidigt går Sverige idag mot ökat importberoende.

- Även djurhållningen står inför stora utmaningar. Å ena sidan kan djuren gå ute under en längre del av året och möjligheterna att vara självförsörjande med foder ökar. Men det varmare klimatet medför också risk för att nya djursjukdomar uppträder.

- Konsekvenserna för den svenska skogen och skogsbruket kommer att bli betydande. Ökad tillväxt ger större virkesproduktion men blötare skogsmark kan föra med sig stora kostnader.

- Förändrade förutsättningar är också att vänta för

fiskbestånden. Nya fiskarter i svenska vatten kan föra med sig nya smittor och konkurrera ut befintliga arter i känsliga ekosystem.

- Rensskötseln i Sverige kommer att allvarligt påverkas av klimatförändringarna och effekterna utgör stora utmaningar.

- Klimatförändringarna ger både positiva och negativa effekter för turismen.

- Människors och djurs hälsa kan påverkas direkt av extrema väderhändelser. Ett varmare klimat ger även upphov till förändrade smittspridningsmönster och nya sjukdomar kan nå Sverige.

- På nationell nivå är kunskaperna om risker för bebyggelse tillräckliga för att rekommendera åtgärder, men det saknas lokala beslutsunderlag. För kulturarvet behöver kunskapen öka.

- Klimatförändringarna förväntas leda till förändringar för den biologiska mångfalden och ekosystemen.

- Risk- och säkerhetsperspektivet har växt fram under senare år, men präglas av utmaningar avseende metoder. Mycket få studier behandlar förhållanden i Sverige.

- Den rekordstarka El Niño påverkade klimatet, men stod endast för en bråkdel av uppvärmningen.

# KLIMAT

FN:s klimatpanel IPCC har slagit fast att människans påverkan ligger bakom merparten av den temperaturökning som skett sedan 1900-talets mitt. Fortsatta utsläpp innebär fortsatt stigande temperatur[21].

Årsmedeltemperaturerna stiger bland annat på grund av vår förbrukning av fossila bränsle, som ökar utsläppen av växthusgaser. Vi ser att havsisarna vid Artkis och Antarktis smälter, havsnivån stiger och låglänta områden läggs under vatten.

Vi har inget val – vi måste minska utsläppen av de klimatpåverkande gaserna.

## Fotosyntesen

Solen och fotosyntesen är en förutsättning för allt liv på jorden. Solens energi binds via fotosyntesen i former som ger kroppen energi, gräs för korna, drivmedel för våra fordon, träd att bygga hus av osv.

**Fotosyntes:**
**energi + koldioxid + vatten ->> kolhydrater + syre**

**Förbränning:**
**kolhydrater + syre ->> koldioxid + vatten + energi**

Vi skiljer på förnyelsebar energi och fossil energi. Om vi använder förnyelsebar energi så används den frigjorda koldioxiden vid förbränningen nästan direkt i en ny fotosyntes och tillskottet i atmosfären är försumbar.

Förnyelsebar energi:

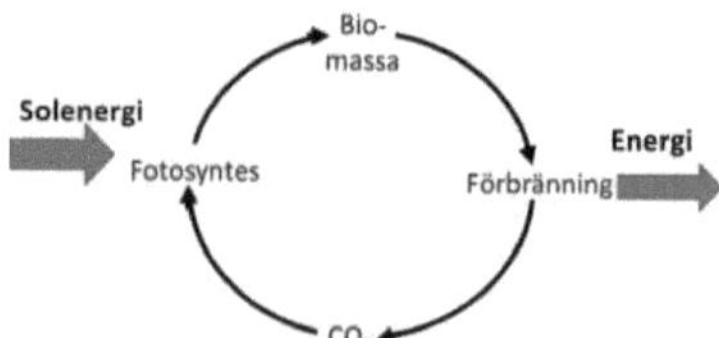


Fossil energi:

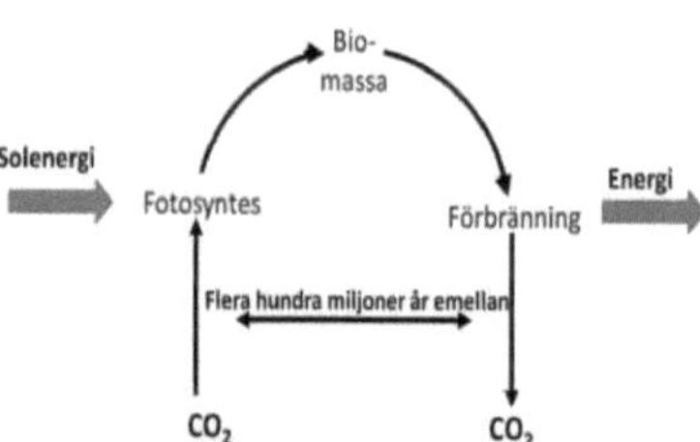


När det gått flera miljoner år mellan fotosyntesen bindning av koldioxid och vid den förbränning frigjorda koldioxiden stannar koldioxiden i atmosfären.

Växterna tar upp koldioxid och solljus som sedan omvandlas till glykos och syre i fotosyntesen.

Mål för den svenska klimat- och energipolitiken till år 2020 är att minst 50 procent av den svenska energin ska grundas på förnybara källor för att reducera utsläppen av växthusgaser i Sverige med 40 procent jämfört med år 1990.

## Dagsläget

Tillgången på fossil energi är begränsad men den viktigaste frågan är inte bristen på energiråvaror utan den ökande halten av växthusgaser, som påverkar vårt klimat. Det blir långsamt varmare i Sverige. Växthusgaserna ökar medeltemperaturen, som kommer att bli mellan 1,5° C och 3° C högre i landet under åren 2020-2050 jämfört med perioden 1961-1990. Detta kommer att påverka oss ganska mycket.

En larmrapport kom i nov. 2016[22]. Området runt nordpolen är tio grader varmare än normalt för årstiden. Havsisen i Arktis befinner sig på rekordlåga nivåer.

FN varnar[23] världens länder (inkl. Donald Trumps USA) att man omedelbart måste trappa upp ansträngningarna för att minska utsläppen av växthusgaser. Annars väntar en *mänsklig tragedi.*

FN:s miljöprogram (Unep) säger i sin årliga rapport, att de löften som världens länder avgav vid FN:s klimattoppmöte i Paris i december förra året räcker inte för att hålla temperaturökningen på jorden inom rimliga gränser.

Flera gånger under 2016 har isen på Arktis varit rekordliten. Året började med töväder på Nordpolen, och i november hade en yta lika stor som Mexiko smält bort jämfört med ett genomsnittligt år.

- *Att vänta med åtgärder innebär extrema risker*, säger Johan Kuylenstierna, vd för Stockholm Environment Institute[24].

Utsläppen av växthusgaser kommer 2030 att ligga 12 till 14 miljarder ton över den gräns som krävs för att hålla klimatmålet om en temperaturökning under 2° C.

Även om löftena från Paris hålls fullt ut är prognosen för utsläppsmängderna fram till 2030, att världen är på väg mot en temperaturökning på mellan 2,9°C och 3,4°C fram till seklets slut, enligt rapporten. Växthusgasmängderna är i dag högre än vad den varit sedan minst 800 000 år tillbaka.

Utöver dessa naturligt förekommande gaser finns även

konstgjorda växthusgaser såsom olika halokarboner och andra ämnen innehållande brom eller klor[25].

Sverige har I Jämförelse med andra iländer låga koldioxid-utsläpp per capita och ligger en bra bit under de genomsnittliga utsläppen i OECD. Detta är en effekt av att Sverige kraftigt minskat andelen fossila bränslen i energisystemet sedan 1970-talet[26].

De största växthusgaserna i jordens atmosfär är [27]

| Växthusgas eller motsvarande | Kemisk beteckning | Andel av växthuseffekten |
|---|---|---|
| Vattenånga | $H_2O$ | 39-62 % |
| Koldioxid | $CO_2$ | 14-25 % |
| Ozon | $O_3$ | 2,7-5,7 % |
| Dikväveoxid (lustgas) | $N_2O$ | 1,0-1,6 % |
| Metan | $CH_4$ | 0,7-1,6 % |
| Partiklar | | 0,3-1,8 % |
| CFC (freoner) | | 0,1-0,5 % |

Om man väger in hur stor befolkning ett land har så får man fram de stora producenterna av $CO_2$. Inte oväntat är det Kina och USA.

Växthusgaser är långlivade i luften. De flesta överlever något hundratal år innan de bryts ned, och för några kan livslängden räknas i tiotusentals år. Metan och lustgas överlever åtskilliga år i atmosfären. Alla växthusgaser som människan släpper ut är så långlivade att de hinner spridas i hela lufthavet innan de försvinner därifrån.

Ton koldioxid per capita, 2013

| Land | ton $CO_2$ per inv. | Antal Invånare 2015 (milj.) | Totalt utsläpp per land (milj.ton) |
|---|---|---|---|
| 1. Luxemburg | 17,9 | 0, 6 | 10 |
| 2. Australien | 16,7 | 24,1 | 401 |
| 3. USA | 16,2 | 327,2 | 5 300 |
| 4. Kanada | 15,3 | 36,0 | 551 |
| 5. Estland | 14,3 | 1,3 | 18 |
| 6. Sydkorea | 11,4 | 51,6 | 588 |
| 7. Ryssland | 10,8 | 148,8 | 1 608 |
| 8. Japan | 9,7 | 130,0 | 1 261 |
| 9. Tjeckien | 9,6 | 10,6 | 101 |
| OECD | 9,6 | | |
| 10. Nederländerna | 9,3 | 17,3 | 161 |
| 11. Tyskland | 9,3 | 81,8 | 760 |
| 12. Finland | 9,0 | 5,5 | 49 |
| 13. Belgien | 8,0 | 11,3 | 90 |
| 14. Österrike | 7,7 | 8,7 | 67 |
| 15. Polen | 7,6 | 38,4 | 292 |
| 16. Irland | 7,5 | 4,6 | 35 |
| 17. Storbritannien | 7,0 | 65,6 | 459 |
| 18. Norge | 7,0 | 5,2 | 36 |
| 19. Danmark | 6,9 | 5,8 | 40 |
| 20. Nya Zeeland | 6,9 | 4,6 | 32 |
| 21. Kina | 6,6 | 1 384,1 | 9 135 |
| 22. Island | 6,3 | 0.3 | 2 |
| 23. Grekland | 6,3 | 10,8 | 68 |

| | | | |
|---|---|---|---|
| 24. Slovakien | 6,0 | 5,4 | 33 |
| 25. Italien | 5,6 | 60,7 | 340 |
| 26. Schweiz | 5,1 | 8,3 | 42 |
| 27. Spanien | 5,1 | 46,4 | 237 |
| 28. Frankrike | 4,8 | 67,2 | 323 |
| Världen | 4,5 | | |
| 29. Portugal | 4,3 | 10,3 | 45 |
| 30. Ungern | 4,0 | 9,8 | 39 |
| **31. Sverige** | **3,9** | **9,9** | **38** |
| 32. Mexiko | 3,8 | 122,3 | 465 |
| 33. Turkiet | 3,8 | 78,7 | 299 |
| 34. Brasilien | 2,3 | 206,0 | 474 |
| 35. Indien | 1,5 | 1 287,8 | 1 932 |

Koldioxidutsläppen ökar successivt, och uppgår i dag till cirka 35 miljarder ton per år. Luftens koldioxidhalt har ökat med cirka 40 procent sedan förindustriell tid, och stiger med ungefär 0,4 procent per år. Andra växthusgaser som lustgas (dikväveoxid) har ökat med ungefär 20 procent, och metanhalten med ungefär 150 procent[28].

Klimatet på jorden påverkas också av faktorer som vi människor inte kan påverka såsom vulkanutbrott, solens aktivitet och av förändringar i jordens rörelser runt solen och runt sin egen axel. Under senare tid har solaktiviteten dock varit relativt låg, medan vulkanaktiviteter har tilltagit. Båda dessa förändringar bidrar till att sänka temperaturen. Men uppvärmningen har fortsatt och kan endast förklaras med människans påverkan genom utsläpp av växthusgaser och förändrad markanvändning[29].

Supervulkanen Campi Flegrei[30] som ligger i närheten av Neapel kan vara på väg att få utbrott. Detta skulle påverka miljontals människor som bor i området. Detta är första gången på nästan 500 år, enligt forskare. Förra gången var år 1538. Detta pågick i åtta dagar och förstörde flera byar samt tvingade människor att fly.

Forskare varnar för tecken som visar att trycket håller på att byggas upp i det vulkaniska området. Marknivån har höjts med fyra decimeter sedan 2005. Nivåhöjningen har accelererat i hastighet. De italienska myndigheterna har höjt varningsnivån på vulkanen från grön till gul, dvs. vulkanen övervakas mer noggrant.

De tre miljoner människor som bor i det vulkaniska området skulle drabbas hårt.

- *Det är en bekymmersam vulkan, inte minst på grund av dess placering nära Neapel. Men även om en vulkan håller på att vakna till liv är det länge sedan den hade ett riktigt utbrott,* säger seismologen Reynir Bödvarsson till Dagens Nyheter.

Vi släpper också ut föroreningar som bildar partiklar i atmosfären, och dessa har en kylande inverkan på klimatet, vilket dämpar en del av växthusgasernas värmande effekt.

Utsläpp av växthusgaser i Sverige per sektor[31]

| | Andel |
|---|---|
| Transport | 32,7 % |
| Industri | 27,1 % |
| Jordbruk | 13,1 % |
| El- och fjärrvärmeproduktion | 12,5 % |
| Arbetsmaskiner | 6,8 % |
| Avfall | 2,8 % |
| Produktanvändning och övrigt | 2,6 % |
| Uppvärmning i bostäder, lokaler, jordbruk och skogsbruk | 2,5 % |
| | 100,0 % |

Utsläpp av växthusgaser från vägtransport i Sverige, miljoner ton[32]

| År | Personbil | Lätt lastbil | Buss | Tung lastbil | Motorcykel och moped | Totalt |
|---|---|---|---|---|---|---|
| 1990 | 12,78 | 0,89 | 0,91 | 3,23 | 0,04 | 17,85 |
| 1995 | 13,02 | 0,96 | 0,98 | 3,42 | 0,05 | 18,42 |
| 2000 | 12,53 | 1,00 | 0,82 | 3,75 | 0,07 | 18,16 |
| 2005 | 12,73 | 1,36 | 0,88 | 4,36 | 0,09 | 19,42 |
| 2010 | 11,89 | 1,61 | 0,82 | 4,48 | 0,10 | 18,91 |
| 2015 | 10,38 | 1,40 | 0,67 | 3,52 | 0,10 | 16,07 |
| 2015* | 8,92 | 0,62 | 0,66 | 2,78 | 0,04 | 13,02 |

*med konstant trafik sedan 1990

## Svenska städer riskerar att läggas under vatten[33]

Vi vet att Kiruna ska flyttas p.gr.a. malmbrytningen, men det finns andra städer som är hotade av översvärmningar. Arvika har drabbats och där bygger man skyddsvallar, men det finns andra städer kring Vänern som lever farligt. Vid en framtida klimatförändring riskerar Karlstad, Kristinehamn, Mariestad, Lidköping och Vänersborg att läggas under vatten.

Kristianstad är en av de städer som ligger lägst i Sverige. Nu slår Pär Holmberg, klimatexperten och TV-meteorologen Pär Holmberg larm.

- *Delar av staden måste flyttas*, säger han.

Stora delar av staden ligger på gammal sjöbotten och är Sveriges lägsta punkt, 2,41 meter under havsnivån, ligger precis utanför staden.

Utmed Göta Älv finns rasrisker, där landmassor kan glida ut i älven. Detta kan vara förödande för Göteborgs dricksvattenförsörjning.

## Växthusgaser från kor och människor

Är pruttande kor verkligen sådana miljöbovar?[34] Vi människor pruttar och rapar också och vi är säkert fler till antal än de stackars kossorna. Det är vi människan som skapat jordens koldioxidutsläpp med hjälp av motordrivna fordon och flyg, fabriksutsläpp, olje- och fastbränsleuppvärmt boende och inte minst alla kärnvapenprov, inklusive krig som utövas lite varstans och så vidare och dessutom metan från våra pruttar.

FN:s expertrapport[35] fastslår att boskapssektorn står för 18 procent av mänskliga växthusgasutsläpp globalt – mer än bilar, flyg och båtar tillsammans. En svensk ko släpper i genomsnitt ut minst hundra kilo metan per år. Metan har 21 gånger starkare växthuseffekt än koldioxid, vilket gör att kons andning släpper ut lika mycket växthusgas som en vanlig bil som går 1 000 mil per år.

Några slutsatser

- Vanligt nötkött orsakar 14 kilo växthusgaser för varje kilo vi köper.
- En biff kan vara upp till 70 gånger värre för klimatet än morötter.

Ska vi beskatta bonden, då han frivilligt valt att ägna sig åt miljöförstöring? Men lösningen är kanske norrmännens försök ta fram artificiellt kött, odlat i laboratorium i en petriskål?

Maten som vi äter och slänger står för ungefär en fjärdedel av människans klimatpåverkan. Detta orsakar miljöproblem som minskad biologisk mångfald, övergödning och utarmning av naturresurser. Inom några decennier beräknas dessutom världens livsmedelsbehov öka med ytterligare 60 procent[36].

## Antipruttpiller

Forskare vid tyska Hohenheim universitetet försöker utvecklade ett antipruttpiller. Det är stort som en knytnäve, tar flera månader att brytas ner och ska förvandla metangasen i kons mage till glykos, något som förhoppningsvis leder till mer mjölk och mindre ljudliga/skadliga metanutsläpp.

## Ökade utsläpp i Sverige – minskade i EU[37,38]

Sverige ökade sina utsläpp av koldioxid medan EU minskade sina 2016 jämfört med 2015. Det är ändå de långsiktiga förändringarna som är viktiga. Utsläppen kan påverkas av olika faktorer som den ekonomiska konjunkturen, vädrets växlingar, förändringar i populationen osv.

## Världens fattigaste människor drabbas värst av klimatförändringar[39]

WaterAid varnar för att den fattigaste delen av världens befolkning drabbas av klimatförändringar och extremt väder som torka och översvämningar. Det är framförallt fattiga människor som bor på landsbygden utan tillgång till rent vatten. Det är också den del av befolkningen som har bidragit minst till de utsläpp som driver på klimatförändringarna.

Förändring av koldioxidutsläpp i EU-länderna 2015/2016

| | Förändring 2015/2016 | Andel av EU:s totala $CO_2$–ut-släpp 2016 |
|---|---:|---:|
| Belgien | -0.6 % | 2.5 % |
| Bulgarien | -7.0 % | 1.4 % |
| Tjeckien | -0.7 % | 3.0 % |
| Danmark | +5.7 % | 1.1 % |
| Tyskland | +0.7 % | 22.9 % |
| Estland | -1.0 % | 0.5 % |
| Irland | +1.1 % | 1.2 % |
| Grekland | -3.3 % | 2.1 % |
| Spanien | +1.6 % | 7.7 % |
| Frankrike | +0.9 % | 9.8 % |
| Kroatien | +4.3 % | 0.5 % |
| Italien | -2.9 % | 10.1 % |
| Cypen | +7.0 % | 0.2 % |
| Lettland | +3.2 % | 0.2 % |
| Litauen | +3.9 % | 0.3 % |
| Luxemburg | -3.8 % | 0.3 % |
| Ungern | +2.9 % | 1.3 % |
| Malta | -18.2 % | < 0.1 % |
| Nederländerna | +0.4 % | 4.9 % |
| Österrike | +2.7 % | 1.7 % |
| Polen | +1.0 % | 9.2 % |
| Portugal | -5.7 % | 1.4 % |
| Rumänien | -1.4 % | 2.1 % |
| Slovenien | +5.8 % | 0.4 % |
| Slovakien | +1.7 % | 0.8 % |
| Finland | +8.5 % | 1.4 % |
| **Sverige** | **+2.3 %** | **1.2 %** |
| Storbritannien | -4.8 % | 11.7 % |
| **EU** | **-0.4 %** | |

Vi kan också vänta oss extremt väder som torka och översvämningar, orsakade av klimatförändringar och då drabbas den fattigaste delen av världens befolkning eftersom de i hög utsträckning är beroende av jordbruk och boskapsskötsel.

## Vad kan vi vänta oss?

Om vi blickar några år framåt, så kan vi förutse följande:

- Klimatförändringar kommer leda till att extremt väder blir vanligare.
- Mest sårbara för extremt väder är framförallt länder som redan idag tillhör världens fattigaste.
- Klimatförändringar riskerar att förvärra en redan svår situation för de 663 miljoner människor som saknar tillgång till rent vatten.
- År 2050 förväntas över 40 procent av världens befolkning leva i områden där det råder vattenbrist.
- I Afrika förväntas temperaturökningen som följd av klimatförändringarna stiga snabbare än i övriga världen vilket riskerar att leda till mer extremt och opålitligt väder.
- Människor som är beroende av jordbruk och boskapsskötsel är extra känsliga för extremt väder och andra effekter av klimatförändringar.
- Sjukdomar som kolera, trakom, malaria och denguefeber förväntas bli vanligare i områden som utsätts för extremt väder som torka och översväm-

ningar.

## Några positiva tecken

Låt oss granska några av de viktigaste positiva exemplen:

1. **Parisavtalet[40].**

   Det första riktiga klimatavtalet. Inget av de 195 länderna blockerade beslutet på FN:s klimatmöte i Paris.

   Den globala uppvärmningen ska begränsas till *klart under* två grader jämfört med förindustriell tid. Ansträngningar ska göras för att nå 1,5 grader.

   De globala utsläppen ska ha nått sin högsta nivå *så snart som möjligt* för att sedan minska.

   Nettoutsläppen ska vara noll under andra delen av århundradet. Ländernas nationella klimatplaner ska uppdateras vart femte år från 2020.

   Globala översyner av det internationella klimatarbetet ska göras var femte år med start 2018. Utvecklade länder ska bistå med klimatfinansiering till utvecklingsländer. Pengarna ska finansiera utsläppsminskningsåtgärder och anpassning till klimatförändringar.

Från 2020 ska hundra miljarder dollar årligen överföras från utvecklade länder till utvecklingsländer.

Efter 2025 ska ett nytt finansieringsmål sättas upp med hundra miljarder dollar som *golv.*

Parisavtalet ska träda i kraft 2020. Minst 55 länder som står för minst 55 procent av de globala utsläppen ska ratificerar det. Till mångas förvåning gick detta fort och avtalet är godkänt av minst 55 länder.

2. **Utsläpp planar ut trots tillväxt**

För tredje året i rad ökar inte koldioxidutsläppen i världen, trots en ihållande ekonomisk tillväxt[41].

- *Det ser ju ut som om utsläppskurvan därmed har brutits,* säger klimatminister Isabella Lövin.

Att koldioxidutsläppen har stabiliserats är extra betydelsefullt eftersom det har skett under en period av ihållande ekonomisk tillväxt i världen. Just nu är den årliga globala tillväxten 3 procent, enligt internationella valutafonden (IMF).

3. **Nya energikällor**

86 procent av alla nya energikällor i EU-länder under 2016 utgjordes av förnybart – vatten-, sol- och

vindenergi och biomassa[42].

4. **Förnybar energi nu större energikälla än kol[43]**
   Även om kol fortfarande genererar mer, så har förnybara energikällor numera högre kapacitet än kolenergin, skriver Financial Times.
   - Omkring 500 000 solpaneler installerades om dagen under 2016
   - I Kina restes två vindkraftverk i timmen enligt Internationella energirådet (IEA).

Det finns också några exempel lovande utvecklingsprojekt, som kan överföras i stor skala och bidra till att minska utsläpp av klimatpåverkande ämnen:

5. **Professorns *löv*[44]**
   Det kallas artificiellt löv och omvandlar energi från solens strålar, suger ut koldioxid ur luften och bildar ett flytande bränsle, som kan ersätta allt som olja och kol gör i dag. Enda restprodukten som finns kvar är syre.

   Upphovsmannen, Harvardprofessorn Daniel Nocera, tror att tekniken kan erövra världen inom mindre än 10 år.

En grupp Harvard-forskare har utvecklat en teknik som kan göra just detta. De kallar den för *artificiellt löv.*

- *Vi kan skapa en framtid helt utan kol, olja eller gas. Enkelt uttryckt lagrar vi solljus på flaska, i form av ett bränsle,* säger Daniel Nocera vid ett Sverigebesök på Kungliga Vetenskapsakademien.

Den enda restprodukten är syre och denna teknik är 10 gånger mer effektiv än naturlig fotosyntes.

- *Vi kan göra vad som helst med det här bränslet. Vi kan skapa en framtid helt utan kol, olja eller gas,* säger han. *Det positiva är att man i princip kan använda vilken vattenkälla som helst: urin, avloppsvatten, vattenpölar, smutsigt hamnvatten,* berättar Daniel Nocera.

## 6. Omvandlar koldioxid till sten[45]

Ett forskningsprojekt på Island har visat lyckade resultat när det gäller att omvandla koldioxid till att bli en del av den fasta berggrunden.

I projektet har 230 ton koldioxid pumpats ner i berggrunden och resultatet visar att mer än 95 procent av koldioxiden omvandlats till fasta karbonatmineraler i berggrunden inom två år. Att koldioxiden har omvandlats till mineraler gör att den inte kan läcka ut. Resultatet ses som ett stort framsteg

7. **Bränsleceller** omvandlar väte och syre till vatten plus energi. Beskrivs närmare längre fram i denna bok.

# KOPPLINGEN KLIMAT OCH MAT

Johan Rockström, miljöprofessor:

> *Vi som nation skjuter oss själv i foten, när vi straffar ut världens mest hållbara jordbruk, genom att tillåta att livsmedelsmarknaden överflödas med billig matimport som varken uppfyller de sociala eller ekologiska minikraven, som vi ställer på vår egen lokalt producerade mat.*

## Svensk köttproduktion[46]

Behöver vi minska köttkonsumtionen för att lösa klimatkrisen? Vad beror klimatproblemen på? Här är några saker som vi måste granska innan vi kan ge svaret på kopplingen mellan svensk köttproduktion och klimat.

Klimatproblemen är fossila. Sverige släpper årligen cirka 52 miljoner ton $CO_2$-ekvivalenter. Av denna volym har 80 procent ett fossilt ursprung. Sveriges boskap svarar för cirka 4 procent av dessa. Ändå lyfts ofta en minskning av svensk köttproduktion som en effektiv klimatåtgärd.

Den stora utmaningen är att minska fossila koldioxidutsläpp och stoppa avskogningen.

## Världen behöver mer mat

Vi kommer enligt prognos att vara närmare 10 miljarder människor år 2050 - jämfört med cirka 7 miljarder idag. Redan idag beräknar man att 580 miljoner inte kan äta sig mätta.

Att minska köttproduktionen i Sverige kommer inte att vara förenligt med målet att öka världens livsmedelsproduktion. Kött och mjölk är en viktig del av proteinbehovet hos människor.

Svensk boskap producerar kött och mjölk på resurser som vi människor inte kan äta. Nämligen gräs.

Betande djur utvecklar den biologiska mångfalden. Förutom att svenska betesdjur kan producera kött och mjölk från gräs är detta också ett viktigt steg för att lösa andra utmaningar vi står inför.

Betande djur i Sverige hjälper till att hålla landskapet öppet. Flertalet av de svenska växtarter, som hotas av utrotning, riskerar att utrotas på grund av igenväxning av betesmarker.

Bete är viktigt för biologiskt mångfald. Ungdjur, rekryteringsdjur och sinkor på bete är en viktig del av lösningen.

Betande djur ger gräset djupare rötter ner till 1 meters djup. Detta innebär ökad kollagring i jord.

Utsläppen från jordbruket kommer från biologiska källor och den naturliga kolcykeln genom fotosyntesen.

I Sverige produceras kött på en av världens mest klimatvänliga livsmedelsproduktionssätt.

Kött från svenska mjölkkor orsakar i genomsnitt 26 kg $CO_2$-ekvivalenter per kilo kött. Köttproduktion i andra delar av världen släpper ut nästan fyra gånger så mycket växthusgaser.

En frisk ko medför låga utsläpp av växthusgaser eftersom hon sällan är sjuk och är varje dag på jobbet med att producera mjölk och kött.

## Köttkonsumtionen i Sverige minskar[47]

Vi äter mindre kött men i jämfört med många andra länder är konsumtionen fortfarande hög.

Vi väljer mindre importerat kött, mer svenskproducerat

kött och totalt mindre kött totalt.

Svenskarnas köttkonsumtion minskade med 2,2 kilo per person under 2018.

Ändå anses Sverige fortfarande vara ett land med relativ hög köttkonsumtion.

## Populäraste köttyperna

Vi äter mest griskött, följt av nötkött och fågelkött (primärt kyckling) 2018:

- Griskött 39 %
- Nötkött 29 %
- Matfågel 25 %
- Lammkött 2 %
- Övrigt 4 %

## Idisslare och metan[48]

Metangas är en 21 gånger mera potent växthusgas än koldioxid, så det är av yttersta vikt att människan reducerar sin produktion.

Våmmen är en av kons fyra magar. Där bryts kolhydrater ner till fettsyror. Det bildas också koldioxid och metan, två växthusgaser som kon släpper ut. Fodrets sammansättning har betydelse för hur mycket metan som bildas – ju mer grovfoder, desto mera metan.

Livsmedel står för en fjärdedel av våra utsläpp av växthusgaser, enligt uppskattningar som gjorts. Det är intressant att konsumenterna har visat att de är beredda att betala mer för miljövänlig mat, och organisationen Krav har lovat en klimatmärkning på vissa livsmedel.

Forskarna är dock överens om att det är idisslarna – kor och får men också älg, ren och hjort – som ger mest växthusgaser. Deras matsmältning producerar metan som de rapar upp och fiser ut.

Forskaren Jan Bertilsson anser att kornas metanutsläpp måste vägas mot deras positiva inverkan för miljön. Betande djur behövs för att hålla landskapen öppna där gräs och växter binder den skadliga koldioxiden.

I Danmark ska forskare undersöka vad som händer om kornas foder berikas med matsmältningsbakterier från kängurur. De producerar ättiksyra som är klimatvänligare än metan. Forskarna hoppas de ska konkurrera ut kornas metanproducerande bakterier.

## Källor till metan i atmosfären[49]

De huvudsakliga källorna till metan är:

- utsläpp från ansamlingar av metan på havsbotten
- utsläpp från manteln i jordens innandöme, bland annat genom lervulkaner

- utvinning från fossila bränslen, främst i kolgruvor
- djurs matsmältningsprocess, främst boskap, speciellt kor och andra idisslare.
- produktion av arkéer i risfält
- anaerob nedbrytning av organiskt material
- industriella källor
- föråldringsprocessen i vanlig asfalt

## Klimatet påverka vår kosthållning

En studie från Oxford visar[50]:

- Att fler människor kommer att dö till följd av klimatförändringarnas effekt på vår kosthållning än av svält.
- Framtidens matkonsumtion förväntas att öka med en stigande befolkningsmängd och en växande ekonomi. Samtidigt stiger temperaturen, vilket kommer mynna ut i en minskad matproduktion av grödor och mindre skördar.
- Konsekvenserna av detta blir stigande matpriser som kommer att leda till fler svältande människor.
- De stigande matpriserna kommer också att ta sig uttryck i priset på frukt och grönsaker vilket kommer att resultera i ett minskat intag av just frukt och grönsaker. Det beräknas orsaka dubbelt så många dödsfall som svält årligen.

- Man beräknade att ungefär en halv miljon människor kommer att dö av klimatförändringarnas effekt på vår kost år 2050.
- I Kina och Indien beräknas fler dö av en minskad matproduktion
- I Sverige och andra i-länder beräknas majoriteten klimatrelaterade dödsfall bero på ett lågt intag av frukt och grönsaker.

## Självförsörjning[51]

Sveriges självförsörjningsgrad kan bli ett problem. I början av 1990-talet producerade Sveriges bönder 75 procent av landets livsmedel. Sveriges befolkning har ökat, men livsmedelproduktionen har inte ökat.

Vi blir också beroende av att importera varor för att kunna driva ett eget lantbruk. Exempel på detta är foder, bränsle, växtskyddsmedel, utsäde och reservdelar.

Vår produktion av spannmål, sockerbetor, morötter, ägg och mejeriråvaror är godtagbar. För att klara behovet av frukt, grönsaker och i stort sett allt kött är vi starkt beroende av import.

Samtidigt uppmanas vi att använda *"närproducerat"*. Här

har vi exempel på där stora insatser måste göras för oss som vill minska växthusgasutsläppen samtidigt som vi måste importera mat m.m.

Bönderna anser att Sverige kan gå från 50 procent i självförsörjning till 80. Det är också viktigt att kunna hantera olika typer av kriser eller handelshinder.

I fredstid handlar det om att ge utrymme för mer hållbar produktion och större möjligheter till konsumtion och export av bra livsmedel med lägre klimatpåverkan och fler och stabila arbetstillfällen.

Några viktiga framtidsfaktorer:

- Exporten av mat ska öka i fredstid.
- Fler kommuner ska upphandla svenskt för att säkra en nära och robust produktion.
- Befintliga livsmedelsföretag ska växa och nya utvecklas.
- Ytterligare 600 000 hektar åkermark kan odlas.
- Ny teknik och innovationer är en del av lösningen.
- Vi behöver politiker som tar maten på allvar för att anpassar skatter och avgifter, som främjar företag i hela landet till export av klimatsmart svensk mat.
- Vi behöver myndigheter som förstår bondens

verksamhet och förenklar, digitaliserar och kommunicerar och har en effektiv och rättssäker handläggning som snabbt hanterar ärenden så att produktionen hålls uppe.

Svenska bönder har olika förutsättningar för lantbruk helt olika beroende på vårt avlånga land.

- I norr finns fördelar med många soltimmar per dygn och långa kalla vintrar som håller efter sjukdomar och skadegörare. Perfekt för potatis och ger fina jordgubbar.
- Svensk trädgårdsnäring är koncentrerad till Skåne där mer än 70 procent av grönsaker, frukt och bär odlas.
- På Gotland, Öland och i Kalmartrakten odlas det bönor - många soltimmar och kalkrika jordar gör det möjligt.
- Spannmålsodlingen är stor i Skåne, Västra Götaland och Östergötland.
- Där spannmål odlas, bland annat till foder, finns också grisar, kycklingar och äggproduktion.
- Spannmål från Skåne blir till stor del bröd och alkohol.
- Kor, får och lamm finns spritt över nästan hela landet eftersom de kan omvandla gräs från de flesta marker till kött och mjölk.

- Jord, sol och odlingssäsong sätter ramen för vad som kan produceras.
- God tillgång till mark och vatten och långa kalla vintrar i stora delar av landet är några av landets fördelar.
- Störst produktion, cirka 64 procent, har Götaland.

## Importen av livsmedel fortsätter öka[52]

Importen fortsätter att öka. Importen ska ersätta de underskott av livsmedel. Men det medför också en prispress på de svenska produkterna. Det är en svår utmaning eftersom man ska jämföra priserna med produkter från andra länder, som kanske har bättre väderförutsättningar, har kanske också möjligheter att nyttjar olika kemikalier, har lägre krav på arbetsmiljön, kanske lägre arbetskostnader och andra villkor som vi inte kan jämföra oss med.

Lantbrukarnas Riksförbund, LRF, visar att andelen importerade livsmedel fortsätter att öka och bli en allt större del av människors livsmedelskonsumtion. Kurvan pekar uppåt oavsett om beräkningarna görs i kronor eller kilo.

En siffra över 100 i nedanstående anger att det finns stor möjlighet till export och en låg siffra att beroendet av import är stort för den varan för att det ska räcka till alla.

Siffror på självförsörjningsgraden för några livsmedel:

| | 1988 | 2019 |
|---|---|---|
| Tomater | 25 % | 15 % |
| Äpple | 20 % | 20 % |
| Lamm | 85 % | 30 % |
| Sallad | 30 % | 40 % |
| Gurka | 55 % | 45 % |
| Nötkött | 90 % | 55 % |
| Potatis | 110 % | 70 % |
| Lök | 55 % | 70 % |
| Gris | 110 % | 70 % |
| Fågel | 100 % | 70 % |
| Mjölk | 110 % | 75 % |
| Ägg | 105 % | 95 % |
| Socker | 110 % | 100 % |
| Morötter | 85 % | 110 % |
| Spannmål | 110 % | 120 % |

Källa: Jordbruksverket, SCB.

En sammanvägd siffra för all konsumerad mat ligger på cirka 50% idag och den låg på cirka 75% 1988.

## Ökad import = färre jobb

Sveriges bönder kan öka produktionen av många livsmedel. Vi måste inse att genom att acceptera den ökande importen av varor som vi själva kan producera påverkar arbetstillfällen i Sverige, förlorad ekonomi hos företagare och minskade möjligheter till viktiga klimatinsatser.

En inhemsk, stark livsmedelsproduktion är viktig av många skäl. När jordens befolkning beräknas öka från c:a 7 miljarder till 9,7 miljarder 2050, så blir det fler munnar att mätta. Kommer importen av livsmedel att försvåras och blir dyrare?

## Importerad mat[53]

60 procent av klimatpåverkan kommer från importerad mat. Vi kan genom val av mat välja hur vi påverkar klimatet. Det är stor skillnad på hur olika mat produceras och därmed varierad koldioxidproduktion.

Kött producerat inom EU har cirka 60 procent lägre miljöbelastning än det globala medelvärdet. Det svenska köttet är dessutom ännu bättre med hela 25 procent lägre växthusgasutsläpp än EUs medelvärde[54].

1. Mjölkproduktionen i hela världen orsakar mindre än 3 procent av de totala globala utsläppen av växthusgaser.

2. Den svenska mjölkproduktionen bidrar till knappt hälften så stora utsläpp som världsgenomsnittet.

3. De svenska tomaterna odlas till 90 procent med hjälp av fossilfri uppvärmning. Ändå kommer 7 av 10 tomater vi köper från Holland. Det är klimatsmart att välja

svensk mat eftersom vi har goda naturliga förutsättningar, bra färskvatten, egen foderproduktion och fina betesmarker som gör att vi kan producera mat med låg miljö- och klimatpåverkan.

Inom landets gränser producerar vi bara mat som räcker till fem miljoner människor. Vi kan och måste öka produktionen så att maten kan räcka till långt mer än våra tio miljoner människor.

Vi skulle kunna exportera klimatsmart mat istället för att importera mat med större utsläpp.

4. Vi slänger för mycket mat – upp emot 30 procent av maten. Matsvinnet står för 8 procent av världens växthusgasutsläpp, att jämföra med de 14,5 procent som uppstår när vi odlar maten[55].

5. Lantbruket använder främst naturens egna metoder och krafter som sol och regn för att tillverka sina produkter. Jordbrukaren kan minska sitt eget företags påverkan på klimatet genom att använda sin mark och sina resurser på ett planerat, hållbart, klokt och effektivt sätt[56].

6. Energikällan kommer direkt från solen som driver fotosyntesen till att ta upp koldioxid, bilda syre och få

det som odlas att växa. Svenskt lantbruk arbetar aktivt för att minska de fossila utsläppen. Man använder fossilfria och förnybara drivmedel som exempelvis HVO och tallolja till sina jordbruksmaskiner och allt fler sätter solenergipaneler på ekonomibyggnadernas stora tak.

7. Många använder förnybar energi.

- Spannmål kan användas för att framställa etanol.
- Energiskog kan användas för att producera värme.
- Jordbrukets restprodukter kan användas både som bränsle, till exempel halm, och för framställning av biogas, till exempel stallgödsel.

Du kan bidra genom att välja närproducerad mat eftersom det innebär kortare transporter och därmed minskade utsläpp.

## Visste du att ... [57]

Visste du att ...

...svensk mjölkproduktion ger 44 % lägre utsläpp av växthusgaser jämfört med världssnittet[58].

... energiförbrukningen i växthusodlingen mer än halverats sedan början av 2000-talet samtidigt som användningen av fossila bränslen har minskat med mer än 80 %[59].

... det svenska lantbruket står för endast 3 % (minskat från 4,7 % år 1990) av den totala vattenanvändningen i landet[60].

... den svenska industrin står för 70 % av svensk vattenförbrukning och hushållen för 18 %. Internationellt står lantbruket genomsnittligt för 70 % av ländernas vattenförbrukning[61].

... Sveriges bönder bidrar INTE till skövlingen av regnskogen eftersom 100 % av den mängd soja som svenska bönder köper till sina djur är hållbart producerad.[62]

... 70 % av växthusgasutsläppen från maten vi äter kommer från importerad mat[63].

... maten räcker till cirka 40 000 personer i Sverige om vi bara ska äta det naturen kan producera utan bondens hjälp[64].

... en svensk bonde kan ha både konventionell och ekologisk produktion samtidigt. De båda verksamheterna drar nytta av varandras innovationer[65].

... en ökad efterfrågan på gårdsnivå motsvarande 1 miljon kronor skapar 2,4 nya jobb[66].

... Sverige har utrymme för en betydligt större köttproduktion än i dag, och skulle kunna bli en viktig exportör av klimatsmart hållbart producerat kött. Det ökade välståndet globalt innebär allt fler som efterfrågar kött[67].

... utsläppen från svenskt nötkött är 25 procent lägre än medelproduktionen i EU och utsläppen från produktionen i EU är cirka 60 procent lägre än den globala medelproduktionen[68].

... världens utsläpp från köttproduktion skulle minska direkt med över 30 % om produktionen skulle gå till som i Europa, enligt FN. Ännu mer om det skulle gå till som i Sverige.[69]

... det behövs fler betande djur för att klara riksdagens miljömål. Det har Naturvårdsverket fastställt.

... det naturliga kretsloppet behöver betesdjuren för att skapa bra miljöer för en rad andra insekter, fåglar och djurarter[70].

... matsvinnet står för 8% av världens växthusgasutsläpp, att jämföra med jordbrukets 14,5 %[71].

... vi slänger var femte matkasse i Sverige.[72]

## VÄXTHUSEFFEKTER

Vi mäter växthusgaserna genom att räkna fram de olika ingående gasernas motsvarighet i sk $CO_{2ekv}$.

Följande omräkningsfaktorer gäller[73]:

| | | |
|---|---|---|
| Koldioxid | $CO_2$ | 1 |
| Metan | $CH_4$ | 23 |
| Lustgas | $N_2O$ | 310 |
| Fluorkarboner | FC | 6 500 – 9 200 |
| Ofullständigt fluorerade kolväten | HFC | 140 – 11 700 |
| Svavelhexafluorid | $SF_6$ | 23 900 |

Det är olika delar av vår vardag, som bidrar till mängden växthusgaser. De drygt 10 ton $CO_2$ som vi genom vårt levnadssätt genererar varje år fördelar sig enlig nedan.

## Vad händer om det blir varmare?[74]

Havsnivån började stiga snabbare efter 1980[75]. Nu stiger havsnivån med 3 mm per år vilket inte märks så mycket i Sverige eftersom vi också har en landhöjning, - mest i Norrland. I södra Sverige har havet stigit drygt 15 centimeter sedan slutet på 1800-talet. Under de senaste 30 åren har *höjningstakten* ökat.

Koldioxidbidrag från olika delar av hushållet.

| Ämne | Ton $CO_{2ekv}$ per person och år |
|---|---:|
| Livsmedel (exv. odling och transport) | 2,1 |
| Persontransporter (exv. bil, flyg etc.) | 2,0 |
| Boende (exv. el, värme och möbler) | 1,4 |
| Kläder och skor | 0,3 |
| Övrig konsumtion (exv. elektronik, sjukvårdsprodukter etc.) | 0,8 |
| Offentlig konsumtion (exv. sjukhus, skolor etc.) | 1,2 |
| Offentliga investeringar (exv. byggnader, infrastruktur etc.) | 2,7 |

FNs klimatpanel (IPCC) beräknade år 2007 att den sannolika höjningen under 2000-talet skulle ligga på 18-59 centimeter. Men då räknade man inte in effekterna av isflöden från de stora landisarna, eftersom man ansåg sig veta för lite om dessa.

- *Nu pekar nya resultat på att avsmältning av isarna kan ske snabbare än man tidigare trott, och allt fler klimatforskare har börjat tala om en meter som en rimlig bedömning. Den holländska deltakommittén rekommenderar att man bör räkna med en maximal höjning på så mycket som 55-120 centimeter till slutet av detta sekel,* säger klimatexperten Sten Bergström och fortsätter
- *Sen förväntas inte höjningen ske i samma takt på hela jorden. Några modell-beräkningar tyder på att haven runt Sverige kan komma att stiga mer än det globala medelvärdet. Havsnivåns höjning bör alltså tas med i beräkningen när nya bebyggelser planeras. Man ska inte lockas att bygga precis vid strandkanten.*

Något som påverkar är också att samhället förändras snabbare än klimatet[76].

- *Vi har gjort oss mer känsliga för klimatet. Vi vill bygga närmare stränder och bygga tätare städer utan att samtidigt tänka på att ha grönområden. När det är mycket hårda ytor så har vattnet ingenstans att gå ner i marken utan färdas då ovan marken till där det är som lägst. Och har man otur kan det råka vara en tunnelbanestation, ett sjukhus eller en vårdcentral. Så samlas vattnet där och man får stora problem,* säger David Hirdman, kommunikatör vid SMHI.

Förutom att det blir varmare på jorden, finns det tecken på att ovädren kan bli fler och kraftigare. I vissa delar av världen kan nederbörden öka, i andra områden minska. Olika modeller ger olika resultat för olika områden.
Vi i Sverige kan få mildare och mer nederbördsrika vintrar med mer regn istället för snö. En del beräkningar visar på att sommartemperaturerna kommer att stiga kraftigt i södra Europa och det skulle kunna skapa ett mer ökenliknande klimat där på sikt. En försmak av hur detta skulle kunna gestalta sig var värmeböljan på kontinenten sommaren 2003 (värsta under de senaste 100 åren) och 2018 då tiotusentals människor dog av hettan och brist på vatten.

Smältande glaciärer i Arktis och Antarktis kan bidra till att världshavens nivå höjs, men även en högre temperatur i befintligt vatten höjer havsnivån på grund av att vattnet ökar i volym.

## Mer regn

Fram till 2050 får vi räkna med en större påverkan av de naturliga variationerna än vad klimatförändringarna har. Trenden som den ser ut i dag är att vi kommer att märka av mer årsvariationer i Sverige om 20 år.

- *Generellt kommer det mer nederbörd i hela landet under höst, vinter och vår. För de mellersta och norra delarna av landet gäller detta även under sommaren medan man i södra delarna av landet kan förvänta sig lika mycket regn som i dag men på ett annat sätt. Längre perioder med torka blandat med kraftiga skyfall*, säger David Hirdman.

Det kommer fortfarande att bli snörika vintrar – men kanske inte lika ofta som i dag.

En ny forskningsrapport[77] visar att naturkatastrofer har kostat 57 biljoner kronor sedan år 1900.

- De vanligaste katastroferna är översvämningar (40 %).
- Åtta miljoner människor har mist livet efter att ha drabbats av naturkatastrofer.
- Den naturkatastrof där flest människor avlidit är en översvämningskatastrof i Kina år 1931. Då dog mer än 2,5 miljoner människor.

## Varannan kommun hotad

En stor del av Sveriges kommuner har bebyggelse som hotas av översvämningar till följd av ett förändrat klimat.

I dag kostar de naturrelaterade skadorna 1,6 miljarder kronor per år. Det är bara en bråkdel av den kostnad Sverige står inför om vi inte rustar oss för ett extremare väder. Skadestatistik visar tydligt att antalet tillfällen med extrem nederbörd och påföljande skador har ökat markant.

I Göteborg beräknar kommunen med att verksamheter som staden klassar som samhällsviktiga ska klara 3,8 meter vatten högre havsvattennivå (havsnivåhöjning och skyfall). FN:s klimatpanel räknar med en meter lägre men Göteborg har analyserat den senaste forskningen och dragit slutsatsen att klimatpanelen kan ha underskattat framtida havsnivåhöjning.

Klimatanpassning[78] handlar dock inte bara om vatten. Bränder, torka, förändrat grundvatten, högre luftfuktighet och nya sjukdomar är exempel på vad som väntar. Regeringen utreder just nu frågan om klimatanpassning. Målet är att en ny strategi ska antas före nästa val.

Bara tre procent av kommunerna har vidtagit nödvändiga åtgärder för att undvika översvämningar som följer i spåren av höga vattenflöden och häftiga regn. En kommun medgav att deras dagvattensystem är byggt i trä.

## Sahlgrenska riskerar att slås ut

Om regnet faller fel kan Sahlgrenska på bara några timmar svärmas över och fara för liv uppstå. El, värmesystem och avlopp riskeras att slås ut samt göra vägar till och från sjukhuset ofarbara efter ett kraftigt skyfall[79].

En annan effekt av ett kraftigt skyfall är att hela Göteborg plötsligt står utan drickbart vatten om skred av kvicklera inträffar längs med Göta älv och föroreningar sprids nedströms. Risken finns att det skulle ta flera månader att lösa en sådan situation, vilket skulle leda till sinade reservvattentäkter.

## Klimatflyktingar

Även om mycket görs för att minska effekterna av den förväntade temperaturhöjningen så kommer många delar av världen att påverkas och göra delar av några länder obeboeliga.

Nedanstående tabell visar hur stor andel av befolkningen i ett land som bor i områden som ligger lägre än fem meter över havet. De som bor här kommer att hotas av klimatförändringar[80].

Andel av befolkningar som bor i ett område som ligger lägre än 5 meter över havsnivån.

| | Andel | Storlek (km²) | Befolkning | Data-år |
|---|---|---|---|---|
| 1. Maldiverna | 100,0 % | 298 | 357 981 | 2013 |
| 2. Tuvalu | 100,0 % | 26 | 9 916 | 2013 |
| 3. Marshallö-arna | 99,4 % | 181 | 52 993 | 2016 |
| 4. Kiribati | 95,2 % | 811 | 105 555 | 2013 |
| 5. Surinam | 68,2 % | 163 821 | 548 456 | 2013 |
| 6. Bahrain | 66,6 % | 760 | 1 359 726 | 2015 |
| 7. Nederlän-derna | 61,3 % | 41 543 | 16 844 195 | 2016 |
| 8. Palau | 55,6 % | 459 | 21 291 | 2013 |
| 9. Mikronesien | 54,9 % | 702 | 104 460 | 2016 |
| 10. Bahamas | 46,5 % | 13 878 | 387 549 | 2013 |
| 11. Vietnam | 42,8 % | 331 210 | 93 386 630 | 2014 |
| 12. Seychellerna | 41,3 % | 455 | 93 754 | 2016 |
| 13. Gambia | 33,4 % | 11 300 | 1 970 081 | 2016 |
| 14. Antigua och Barbuda | 32,3 % | 443 | 91 822 | 2015 |
| 15. Tonga | 31,3 % | 748 | 106 379 | 2013 |

Om exv. halva Nederländernas befolkning tvingas fly, så skulle säkert en stor andel komma till de nordiska länderna. Är de välkomna?

Det förändrade klimatet tvingar allt fler människor att lämna sina hem[81]. Åren 2008-2014 tvingades 26,4 miljoner människor lämna sina hem på grund av naturkatastrofer. Naturkatastrofer medför brist på mat och vatten. UNHCR uppskattar att det kommer finnas minst 250 miljoner klimatflyktingar år 2050, men de har fortfarande inte juridisk flyktingstatus. Även om vårt bidrag till den ökade medeltemperaturen är liten, så har vi ändå ett ansvar för den befarade situationen.

När klimatflyktingarna kommer blir det svårt att neka dem asyl, eftersom klimatet i deras hemländer gör deras hem obeboeliga på grund av klimatförändringar. De har inget att återvända till!

De stora befolkningsförflyttningar, som väntar är en konsekvens som världen oundvikligen måste tackla. Vi kan redan nu ha översvämningar och extrem torka och dess väderfenomen, som de senaste åren förekommit blir allt mer frekvent.

I den senaste klimatrapporten av IPCC behandlas i ett avsnitt människors säkerhet, inklusive aspekter som rör migration och rörlighet. De bedömer att klimatförändringarna väntas öka förflyttningen av människor under detta århundrade.

## Ge klimatflyktingar full flyktingstatus

- *Klimatförändringarna är tveklöst den stora anled-*

*ningen till forcerad migration - klimatflyktingar måste omfattas av FN:s flyktingkonvention,* kräver Miljöpartiets Maria Ferm[82].

Vattnet i Bengaliska viken[83] tvingar redan i dag människor i Bangladesh norrut när vattnet i Bengaliska viken stiger. En del ö-stater skaffar ny mark för att kunna ta emot befolkningarna när de tvingas fly då höjda havsnivåer gör deras hem obeboeliga.

Det är människor i världens fattigaste länder som drabbas hårdast av klimatförändringarna.

Europa och USA har ett ansvar eftersom vi byggt vårt välstånd med hjälp av de utsläpp som ligger bakom klimatförändringarna. Vi har en moralisk plikt att hjälpa de människor som drabbas.

De tvingas lämna sina hem till följd av klimatförändringarna. De kan få skyddsstatus i Sverige om man inte kan återvända till sitt land på grund av en miljökatastrof.

Med krafttag i klimatpolitiken kan vi minska klimatförändringarna. Men i den verklighet vi upplever i dag måste också de människor som inte längre kan bo kvar där de en gång växt upp få stöd av oss i framförallt Europa och USA som deltagit i att skapa klimatförändringarna.

## Ökenspridning

Vi måste ta ökenspridning på allvar. Detta är ett av många miljöproblem som människan har att brottas med[84]:

- En fjärdedel av landytan på jorden och mer än 250 miljoner människor är direkt påverkade, enligt FN.
- Spridningen har klimatmässiga orsaker
- Långvarig hög temperatur och dåligt och oregelbundet regnande skapar torka och föhindrar växtlighet.
- Starka vindar och skyfall förstör växtligheten
- Mänskliga aktiviteter ligger bakom, direkt och indirekt.
- Överbrukning suger ut jorden
- Betande boskap tar bort det skyddande skikt som växtligheten utgör.
- Skogsavverkning avlägsnar träd som binder jorden
- Ogenomtänkt bevattning torkar ut floder och sjöar.
- Slutligen medför växthuseffekten en allmän uppvärmning av jorden.

Vi kan vidta åtgärder för att minska ökenspridningen.

- **Trädplantering**
  Trädplantering gör att träden binder jorden, ökar fruktbarheten i jorden, skyddar mot vind och tar upp vatten vid skyfall.

- **Gräs- och buskplantering**
  Gräs- och buskplantering motverkar erosion.

- **Spridningen av sand**
  Spridningen av sand kan minskas med hjälp av exempelvis vindfång av levande och/eller dött material.

- **Jord blir kompost**
  Jord kan återställas och göras fruktbar igen genom att man till exempel framställer kompost.

- **Mer förnyelsebar energi**
  På förbrukningssidan kan man satsa på mer förnyelsebar energi och effektivare spisar, vilket minskar behovet av ved som bränsle i de drabbade områdena.

Ett långsiktigt brukande av jorden ger den möjlighet till återhämtningsperioder, att skapa en medvetenhet om problemen och att planera på längre sikt är andra faktorer.

Vi måste ta lärdom av det som skett även om det är omöjligt att vrida klockan tillbaka. Vi måste dra lärdom av forna tiders sätt att leva i till exempel Afrika. Nomader anpassade sitt liv och sin miljöpåverkan utifrån omgivningen. Att minska växthuseffekten får även en effekt i minskad ökenspridning.

## Den gröna muren ska hindra ökenspridning[85]

Från Senegal i väst till Sudan i öst sträcker sig öknen, och den fortsätter att breda ut sig. Sedan 2008 pågår ett omfattande projekt för att stoppa ökenspridningen. Målet är att bygga en skyddande mur av växtlighet.

År 2006 bildades en allians där Senegal tillsammans med tio andra länder i Sahara skrev under en konvention för att driva igenom förslaget. Muren av växtlighet beräknas bli 15 kilometer bred och 7 000 kilometer lång.

- *Afrikanska ledare hoppas att träden tillsammans ska fånga upp sanden i Sahara och på så vis minska ökenspridningen,* säger Mamadou Wane från World Food Program (WFP), som har arbetat med projektet.

Befolkningen i Sahel-regionen (Sahel är en halvtorr gränszon mot Sahara och norr om de mer bördiga områdena söderut) är mycket sårbara för klimatvariationer och markförstöring. Invånarna är starkt beroende av friska ekosystem för att jordbruket ska hållas vid liv. Såväl regnvatten som möjliggör odling som foder och ved är nödvändiga för att befolkningen ska kunna försörja sig och få mat för dagen.

Sahel har drabbats hårt av torka och missväxt. Tio miljoner invånare – lika många som hela Sveriges befolkning - uppskattades att år 2010 ha drabbats av matbrist till följd av torka. Experter uppskattar att Afrika har förlorat uppemot 650 000 kvadratkilometer odlingsbar mark under de senaste 50 åren. Det är ett område större än Frankrikes yta.

## Fakta du antagligen inte visste om global uppvärmning[86,87,88]

I princip alla forskare är överens om att den globala uppvärmningen beror på människans miljöutsläpp och den förbrukning av alla naturresurser som sker i en skrämmande fart.

1 **Metan från kreatur**

Metangasen från kreaturdjuren är ett större problem än vad hela oljeindustrin är varför vi måste minska vår köttkonsumtion.

2 **Den globala uppvärmningen**

En sjättedel av alla djur- och växterarter som vi känner till idag kommer snart att dö ut på grund av den globala uppvärmningen.

Hela 37 % av amerikanarna - inklusive president Donald Trump - tror att global uppvärmning är struntprat.

3 **Havsnivån stiger**

På de senaste 50 åren har havsnivån stigit med i snitt 20 cm tack vare all is som smälter.

4 **Koldioxid i atmosfären**

Nivån av koldioxid i atmosfären har aldrig någonsin varit så hög som den är idag.

5 **Varmaste året**

På vår jord var 2010 det varmaste året vi upplevt under modern tid.

6 **Åskväder**

Åskväder och blixtnedslag kommer att fördubblas till år 2100 om den globala uppvärmningen fortsätter i samma takt som den gör idag.

8. **Vin blir dyrt och dåligt**

Frankrike, Argentina, Chile och Sydafrika rapporterar om minskad vinproduktionen, eftersom druvorna inte klarar av de högre temperaturerna.

9. **Sibirien blir en gigantisk gastrampolin**

I marken under den sibiriska permafrost finns det mängder av bakterier som producerar metangas. När isen försvinner kommer gasen upp till ytan.

10. **Nordpolen flyttar till Europa**

Den geografiska nord- och sydpolen bildar den axel runt vilken jorden snurrar. Axeln flyttar sig emellertid, och uppvärmningen sätter fart på rörelsen. Den geografiska nordpolen att flytta sig nu mot Europa med en decimeter om året.

11. **Fler vulkanutbrott**

En stor del av jordens vulkaner är täckta av is och snö. När det frusna vattnet smälter leder det till fler kraftiga utbrott.

12. **Du blir sjukare**

Värmen för smittspridare som malariamyggor längre norrut. Vårt immunförsvar blir svagare och allergisäsongen blir längre.

13. **Luftgropar besvärar flygresenärer**

Turbulens är inte farligt, men kan göra flygresan obehaglig.

**14. Smog tar över Peking**

Den kinesiska huvudstaden lider svårt av förorenad luft. Det varmare klimatet förändrar luftströmmarna, och det har påverkat framför allt nordöstra Kina.

**15. Kolsyra dödar korallerna**

Havet tar upp en stor del av växthusgasen, och det gör att temperaturen stiger långsammare. Det är emellertid inte bra för havet. Koldioxiden bildar kolsyra som är dåligt för havets koraller.

**16. Glada dagar för honor**

Hos ett stort antal kräldjur avgörs könet av boets temperatur, när äggen ska kläckas.

**17. Fuktig värme hotar människan**

När svett avdunstar från huden tar den med sig värme, men en hög luftfuktighet gör den processen omöjlig. En studie visade att temperaturerna i vissa området under det här århundradet kan nå dödliga nivåer.

**18. Bensin avdunstar på väg in i tanken**

Bensinstationerna fick sluta sälja bensin dagtid eftersom den avdunstade innan den nådde ned i tanken på bilarna.

**19. Värme på landningsbanan**

Flygplanen kan tvingas att stanna på marken eller att vända om för att hitta en annan flygplats att landa på.

## VAD GER FRAMTIDSHOPP?

Av ovanstående framgår att vi har många utmaningar framför oss, men det jobbas på många olika platser med olika problem. Även om inte alla ansatser får ett positivt resultat, så ökar det kunskapen hos forskarna. I det följande redovisas ytterligare förslag, som kan komma att bli positiva resultat i jakten på den stigande temperaturen på vårt klot.

## Skogen

Sverige är rik på skog – och vi har lärt oss att ta vara på den. I den nödvändiga omställningen till ett fossilfritt samhälle kan vi gå i täten. Skogen tillhör framtiden.

Av Sveriges totala landyta på närmare 41 miljoner hektar är cirka 28 miljoner hektar skogsmark varav cirka 23 miljoner hektar är så kallad produktiv skogsmark, vilket innebär en areal som producerar minst en skogskubikmeter per hektar och år[89]. Skogen binder koldioxid i sin tillväxt. Därför är det bra att mycket ny skog nu anläggs i världen.

I Kina planteras 30 miljoner hektar. Och i Sverige har skogsförrådet vuxit med 200 procent sedan 1950.

Det finns många projekt på gång för att nyttja skogen på ett optimalt sätt[90]. Med hjälp av skogen kan vi skapa ett fossilfritt samhälle.

Jordens ökade medeltemperatur är både ett hot och ett allvarligt miljöproblem, där skogen är en av lösningarna som lindrar problemen. Redan när skogen växer tar den upp koldioxid och i trä- och pappersprodukter lagras kol. Med hjälp av den förnybara skogsråvaran kan nästan alla produkter tillverkas som i dag görs av fossila råvaror.

Med växande befolkning ökar efterfrågan på en mängd produkter. Skogsråvaran kan göra skillnad t.ex. inom klädbranschen. Bomullsodlingen är resurskrävande av vatten och kemikalier, odlingsarealen för bomull kan inte öka eftersom den konkurrerar med livsmedelsodling. Med hjälp av skogsråvara kan vi producera tyger som i sin tur kan klä jordens växande befolkning.

2050 spås 70 procent av världens befolkning bo i städer. Det ökade trycket på bostäder, energi- och matförsörjning och kollektivtrafik, vilket kommer att påverka planetens välbefinnande. Inte minst kommer en växande befolkning tvinga fram byggnationer på värdefull åkermark.

## Världen behöver mer skog och färre kor[91]

Vi har 12 år på oss säger man i en IPCC-rapport. Skogs- och jordbruket måste göras mer hållbara. Ät mer vegetarisk mat.

Dagens markanvändning har ökat mängden växthusgaser, förluster av ekosystem och minskad biologiskt mångfald. Forskarna anser att det är fullt möjligt att nå ett förbättrat jordbruk, hållbar skogsskötsel och ökad kolinlagring.

- *Världen behöver mer skog och färre kor. Det är inte bara kornas metangasutsläpp som är ett problem. Den dyrbara mark som tas i anspråk för att odla foder till nötboskap kan göra större klimatnytta om den används till att odla träd. Det är träden, inte korna, som är människans bästa vän i kampen mot klimatförändringarna,* skriver Erika Bjerström, journalist som arbetar på Sveriges Television

## Avskogningen

Avverkningen av världens skogar är negativa för klimatet och är i storleksordningen jämförbart med förbränningen av fossila bränslen (olja, kol och fossilgas). När skog avverkas snabbare än ny skog hinner växa upp ökar mängden koldioxid i atmosfären och ökar växthuseffekten. Detta utgör normalt inget problem, när nya träd växer upp i samma takt som andra avverkas eller dör. Skogsskövling medför att nästan 20 procent av alla växthusgaser släpps ut i atmosfären[92].

Avverkningen påverkar på sikt också djur och växtarter eftersom en del gynnas medan andra missgynnas. Den biologiska mångfald riskerar att minska med de miljöförändringar som följer av den ökade växthuseffekten. Klimatförändringarna medför att allt fler skogsområden blir allt torrare, vilket i sin tur ökar risken för intensivare skogsbränder. Stora bränder riskerar att enorma mängder koldioxid frigörs. Jorden lämnas oskyddad och regnet sköljer bort jorden och på så sätt försvåra återväxten. I områden med tunt jordlager blottläggs marken helt och jorden bränns sedan sönder av solen.

Utsläpp (+) och upptag (-) av växthusgaser och scenario till 2050 för LULUCF-sektorn[1] (miljoner ton koldioxidekvivalenter)

| | 1990 | 2017 | 2030 | 2045 | 1990-2045 |
|---|---|---|---|---|---|
| Skogsmark | -36,2 | -43,2 | -40,8 | -38,0 | 14 % |
| Åkermark | 3,6 | 3,7 | 2,7 | 3,7 | -24 % |
| Betesmark | 0,3 | 0,1 | 0,3 | 0,2 | -28 % |
| Våtmark | 0,1 | 0,2 | 0,2 | 0,2 | 135 % |
| Övrig mark | 0,2 | 0,007 | 0,001 | 0,001 | -100 % |
| HWP | -5,0 | -6-7 | -5,8 | -7,0 | 23 % |
| LULUCF | -34,4 | -43,7 | -40,6 | -41,4 | 21 % |

[1] LULUCF – Markanvändning, förändrad markanvändning och skogsbruk

**Skogens användning**

| | Uttag idag (milj.m³sk per år) | Beräknat uttag 2020 (milj.m³sk, år) |
|---|---|---|
| Massa- och pappersindustrin | 42,0 | 48,0 |
| Sågade trävaror | 44,0 | 44,0 |
| Industriellt träbyggande | 0,5 | 1,0 |
| Biobränsle | Marginellt | 20,0 |
| Skyddad skog | 8,5 | 17,0 |
| Nya produkter | Marginellt | ? |
| **Totalt uttag** | **95,0** | **130,0** |
| **Total tillväxt** | **120,0** | **120,0** |

## Vad kan vi hitta i skogen?

Cellväggarna i en barrvedscell består huvudsakligen av:

- cellulosa (40 – 50 %)
- hemicellulosa (20 – 35 %)
- lignin (15 – 35 %)
- och en mindre mängd extraktivämnen som hartser och fetter (2 - 10%).

I traditionell massa- och pappersindustri så används följande:

- Cellulosa 100 %
- Lignin 0 %
- Hemicellulosa 0 %

- Extraktivämnen 33 %

Här finns en potential att utnyttja. Dock används lignin som energikälla i sulfatprocessen och det finns en risk att ligninet idag *"överintecknas"* till en lång rad av nya produkter.

## Hur produceras syre på jorden?

Jordens syre bidas under fotosyntesen. Med mängden bildade växter och alger kan man beräkna hur mycket syre som friges. Biologerna använder matematiska modeller för att bestämma tillväxten[93].

När fotosyntes är så intensiv att bildad syrgas inte är lösligt i havsvattnet så kommer den att bubblar upp i atmosfären.

Beräkningen visar att för ett ton kol som binds friges 2,67 ton syre.

## Skogsindustrins roll i bioekonomin

Inom skogsinduustrin har man flyttat fokus från att ha ansett papper av olika slag som den enda intressanta produkten. Ligninet användes bara som energikälla. Man ser nu hela vedinnehållet som användbart till olika produkter[94].

Produkter från skogen kan vara så mycket mer än timmer, brädor, papper och ved. I princip kan allt som idag görs av olja göras av skogsråvara istället. Skogen kan hjälpa oss att ställa om till ett fossilfritt och biobaserat samhälle[95].

Vad kan vi vänta oss för innovationer framöver:

- Bildskärmar av papper?
- Kolfiber för lättviktsmaterial?
- Nya typer av gröna kemikalier?

Vedfiber har blivit intressant som råvara till nya produkter när samhället ska ställa om från fossilbaserade material till förnybara.

Vi ser framför oss nya användningsområden för cellulosa, hemicellulosa och lignin men även trädens bark innehåller ämnen som kan vara intressanta inom till exempel läkemedels- och livsmedelsindustrin.

Papper- och kartongindustrin arbetar hela tiden på att ta fram material med nya egenskaper. Det är troligt att framtidens produkter från skogen kommer att vara fler och användas inom områden som vi kanske inte ens föreställer oss idag.

Redan idag tillverkas andra produkter av skogsråvara än de vi traditionellt kanske tänker på som skogsprodukter.

- Bioraffinaderiet Domsjö. Fabriker tillverkar special cellulosa av barrvirke som används som textilfiber och till exempel läkemedelstabletter och som konsistensgivare i livsmedel.

- Lignin används som tillsatsmedel i betong

- Nu finns en bränslecell som drivs av billigt lignin. Vid kemisk massatillverkning löses ligninet ut i en sulfat- eller sulfitprocess eftersom det är cellulosan man vill komma åt. Lignin är billigt och lätttillgängligt[96].

- Bioetanol som används som köldmedium, spolarvätska, drivmedel och som tillsatsmedel inom färgindustrin.

- Svartlut från kokningen av ved kan förädlas till biodrivmedel, kemikalier och material.

- Tallolja är en annan biprodukt från sulfatkokning av barrved som idag används som råvara för kemikalier och drivmedel.

- Preem Evolution Diesel minskar fossila koldioxidutsläpp rejält. Den är delvis (för närvarande 50 %)

tillverkad av tallolja, en restprodukt från den svenska skogen. Den fungerar perfekt i alla dieselmotorer.

- Biprodukter från massaindustrin kan också komma att bidra till världens livsmedelsproduktion.

- Nordic Paper driver tillsammans med bioteknikföretaget **Cewatech** en pilotanläggning som odlar mikrosvamp av brukets sulfitlut. Den kan användas i foder för fiskodlingar för att ersätta en del av dagens fiskmjöl och minska fiskodlingens miljöbelastning.

## 41 positiva miljönyheter från året som gått[97]

Man kan lätt misströsta av nattsvarta rubriker. Men 2019 bjöd på flera glada nyheter för miljön och klimatet. Supermiljöbloggen har letat upp allt positivt i klimatväg, som vi kommer ihåg från 2019. Vill du tränga djupare in i vad varje punkt innehåller, så hänvisas till källan hos Supermiljöbloggen.

1. Östersjön har blivit friskare.
2. Nytt globalt avtal ska lösa kvävekrisen.
3. Nytt globalt avtal ska stoppa plastavfall från att hamna i havet.

4. Dispens för insektsdödande värstingmedel stoppas.
5. EU-banken slutar investera i fossila bränslen.
6. EU föreslår straffskatt på varor från länder som inte uppfyller Parisavtalet.
7. Regeringen stoppar myndighetslån till fossila verksamheter.
8. Sverige har en ny handlingsplan för att nå klimatmålen.
9. Ny grön giv ska göra Europa till världens första klimatneutrala världsdel.
10. Det blev nej till fossilgasterminalen i Göteborg.
11. Globala strejker för högre klimatambitioner.
12. Italien inför klimatlära i skolan.
13. Dagens Industri börjar publicera företags utsläppssiffror.
14. SPP gör fonderna fossilfria.
15. Svensk industri går samman och kräver åtgärder för fossilfrihet.
16. Nytt samarbete ska göra cementtillverkning koldioxidfri.
17. Klimatrapporteringen i media ökar kraftigt.
18. Oljefond slutar investera i norsk olja.
19. Valarna är havets okända klimathjältar – lagrar koldioxid.
20. 10 miljoner hektar skog skyddas i Centralamerika.

21. Växter och svampars samarbete minskar klimatförändringarna.
22. Biologisk mångfald ger större skördar.
23. Miljöorganisation köper skog för att hindra exploatering.
24. Borneos skogar restaureras – med svensk hjälp.
25. Urinvånare tar tillbaka skogsrättigheter.
26. En av världens största sjöar blir egen juridisk person.
27. Det nya köttet spås en allt ljusare framtid.
28. Svenskarnas köttkonsumtion fortsätter minska.
29. Ny mätning: fyra av tio svenskar avstår kött av klimatskäl.
30. Bättre tågtrafik till Europa från nästa år.
31. Svenskarna flyger mindre 2019.
32. Stor ökning av sålda tågluffarkort.
33. Flygskammen sprider sig i stora utsläppsländer.
34. Instagramkontot som exploderade – kritiserar influencers flygvanor.
35. Företag åtalas för planerat åldrande.
36. Snart kan ALL plast få nytt liv.
37. Frankrike förbjuder att osålda kläder och elektronik förstörs.
38. Kolkraften i Stockholm läggs ner i förtid.
39. Solenergi kan revolutionera tillverkningen av cement och stål.

40. Hundra procent förnyelsebar el med havsbaserad vindkraft.
41. Investeringsboom för svensk vindkraft

.

# VARFÖR KLIMATÅNGEST?

## Så många svenskar har klimatångest[98]

Nästan halva befolkningen oroas över klimatet, visar en ny opinionsundersökning. Unga tjejer är oroar sig mest och äldre män oroar sig minst.

- *Det kan vara så att yngre har ett större engagemang eftersom de ska ärva planeten,* säger beteendestrategen Ida Lemoine.

ICA har låtit undersöka hur svenskarna tänker kring klimatfrågan. Totalt har 1 000 personer tillfrågats. Resultatet visar att många svenskar, närmare bestämt 46 procent, har klimatångest – alltså en oro som kan kopplas till klimatförändringarna.

Undersökningen i urval:

- 46 procent av svenskarna uppger att de har klimatångest.
- Oron för klimatet är starkare ju yngre man är. Nästan sju av tio (68 %) i åldern 18-29 år uppger att

de har klimatångest, jämfört med endast var tredje (31 %) svensk i åldern 65-79 år.

- Kvinnor oroar sig mer än män. 55 procent av kvinnorna uppger att de har ångest över klimatet, jämfört med 37 procent av männen.
- Unga kvinnor känner mest ångest. 80 procent av alla kvinnor i åldern 18-29 år uppger att de har ångest kopplat till klimatförändringar.
- Äldre män (65-79 år) oroar sig minst. 72 procent känner ingen ångest kopplad till klimatförändringar.
- Sju av tio svenskar uppger att de vill bli bättre på att handla livsmedel som minskar deras klimatavtryck.
- Unga är mest medvetna om hur deras val av livsmedel påverkar klimatet. Två av tre (63 %) i åldern mellan 18-29 år uppger att de tror att valen av livsmedel i ganska eller mycket stor utsträckning påverkar deras klimatavtryck.

## Små steg bäst

Hur ska man då hantera eventuell klimatångest? Enligt Ida Lemoine gäller det framförallt att fundera på vilka små förändringar man kan göra i vardagen – utan att de känns betungande.

**En populär myt[99]:**

En groda som läggs i en kastrull med hett vatten hoppar ut direkt. Läggs grodan däremot i en kastrull med kallt vatten som sedan sakta värms upp så simmar det amfibiska kräket runt i det allt hetare vattnet tills den kokar ihjäl..

## 1,0 eller 1,5 eller 2,0 grader - så stor är skillnaden[100]

Skillnaden mellan 1,5 och 2,0 graders temperaturökning kan ha stor betydelse för jordens framtid, visar klimatforskningen.

## Riktigt hotfulla scenarion

Koldioxidkoncentrationen i atmosfären är nu 410 ppm. Senast vi hade så höga nivåer var 3 miljoner år sedan. Då var medeltemperaturen 2-3 grader varmare och havsnivån var 10-20 meter högre.

| + 1° | 1,5° | 2,0° |
|---|---|---|
| Idag | Svårt att undvika | Parisavtalets tak |
| **Havsnivåer och isar** | | |
| Rekordvärme. Arktis smälter fortare än väntat. | 45 miljoner riskerar få sina hem bortspolade. | Arktis kan smälta bort helt under sommaren. |

**Mat och vatten**

| | | |
|---|---|---|
| Extremväder och torka ger missväxt | 2 miljoner utsätts för vattenbrist i norra Europa. | 30 % i Afrika och Asien riskerar tillgång till mat |

**Skog**

| | | |
|---|---|---|
| Flera skogsbränder | Kalfjällsområdena minskar i Sverige | Ökning med över 60 % skogsbränder runt Medelhavet |

**Hetta**

| | | |
|---|---|---|
| De senaste 4 åren har varit de varmaste sedan mätningarna startade | Extrema värmeböljor ökar med 129 %. | Extrema värmeböljor ökar med 343 %. |

**Mer extremväder**

| | | |
|---|---|---|
| Fler stormar och orkaner. | Ökad orkanstyrka. | 57 % ökning av antalet människor som drabbas vid översvärmningar i Indien. |

**Biologiskt mångfall**

| | | |
|---|---|---|
| Vilda ryggradsdjur har minskat i snitt med 60 % | Nästa alla korallrev dör. | Alla korallrev döda. |

## Klimatförnekare

Klimatförnekare, klimatskeptiker, personer och organisationer sprider felaktiga slutsatser ofta parat med en politisk övertygelse om att arbetet för att komma till rätta med klimatförändringarna är meningslöst. Vissa hävdar att det över huvud taget inte sker någon uppvärmning av jorden[101].

## NYA YRKEN

Under de senaste åren har Sverige klarat automatisering av jobb över förväntan och vi inser att nya jobb skapas av automatiseringen och andra försvinner.

Vi har nu under några år haft stora pensionsavgångar när 40-talisterna lämnar arbetslivet och detta kan kanske ses som en möjlighet för ungdomar och invandrare att komma in på arbetsmarknaden. Nu kommer emellertid inte alla uppkomna vakanser att återbesättas eftersom datorer, automatiseringar och robotar tagit över en lång rad av jobb. Förhoppningsvis är det de monotona, fysiskt och psykiskt krävande jobben som försvinner. Men enklare jobb behövs också för alla som har kort eller ingen utbildning. Det är svårt för ungdomarna att veta vilken utbildning de ska välja. Det jobb de kommer att få kanske inte finns än.

Man talar om *det livslånga lärandet,* vilket innebär att man under sina yrkesverksamma år får vända tillbaka till skolbänken och kanske utbilda sig för att byta till en annan arbetsmarknadssektor.

DN redogör för ett uppdrag som Reforminstitutet[102] fått av Stiftelsen för strategisk forskning (SSF). Man visar hur automatisering just nu föder nya jobb. De har granskat dynamiken på arbetsmarknaden under de senaste åren.

SSF har i en rapport beskrivit automatiseringarna och de har publicerat en rapport där man har dragit slutsatsen att 53 procent av de svenska jobben finns i yrken, som kan automatiseras inom 20 år. Man beräknar att under de undersökta åren har vart tionde jobb automatiserats, eller ungefär 450 000 arbetstillfällen. Mest har rutinjobb minskat i industrin, vid butikskassorna och i administration. Samtidigt har antalet dataspecialister ökat med 25 procent, från drygt 80 000 till nästan 100.000 personer. Man beräknar att dataområdet kommer att ge störst jobbtillskott av alla yrken under de kommande 20 åren, och öka till runt 240 000. Därtill kommer en snabb ökning för flera andra yrken, som civilingenjörer, varav en del arbetar med digitalisering.

Med smarta datorer kan många företag producera och hantera ett allt större sortiment av produkter och tjänster som ska säljas, distribueras och servas. Det ökar efterfrågan på många olika yrken från säljare i fackhandeln till reparatörer.

Något som självfallet blir gångbart på framtidens nya arbetsmarknad är datakunskaper[103].

- *Allt som kan ersättas av en dator kommer att ersättas av en dator. På 20 års sikt kommer det att vara mycket märkbart. Då kommer vi se tillbaka till den här perioden som övergångs*tiden. *För en given individ kommer det bli annorlunda. Men nya individer kommer att kunna hitta in i systemet,* säger Lars Hultman, VD för Stiftelsen för Strategisk Forskning

## PARISAVTALET

Världens ledare beslöt på mötet i Paris[104,105] att arbeta för att begränsa den globala temperaturstegringen till 2,0°C, men försöka begränsa den till 1,5°C.

I december 2015 enades världens länder om ett nytt klimatavtal där alla länder sagt sig vilja försöka att uppfylla avtalets åtagande. Avtalet ska börja gälla senast år 2020[106,107].

Det första riktiga klimatavtalet. Inget av de 195 länderna blockerade beslutet på FN:s klimatmöte i Paris.

Den globala uppvärmningen ska begränsas till klart under två grader jämfört med förindustriell tid. Ansträngningar ska göras för att nå 1,5 grader.

De globala utsläppen ska ha nått sin högsta nivå så snart som möjligt för att sedan minska.

Nettoutsläppen ska vara noll under andra delen av år-hundradet. Ländernas nationella klimatplaner ska uppdateras vart femte år från 2020. Globala översyner av det internationella klimatarbetet ska göras var femte år med start 2018.

Utvecklade länder ska bistå med klimatfinansiering till utvecklingsländer. Pengarna ska finansiera utsläppsminskningsåtgärder och anpassning till klimatförändringar.

Från 2020 ska hundra miljarder dollar årligen överföras från utvecklade länder till utvecklingsländer. Efter 2025 ska ett nytt finansieringsmål sättas upp med hundra miljarder dollar som *golv.*

Parisavtalet ska träda i kraft 2020. Minst 55 länder som står för minst 55 procent av de globala utsläppen ska ratificerar det. Till mångas förvåning gick detta fort och avtalet är godkänt av minst 55 länder.

## Sverige i Europatopp

Enligt en ny klimatmätning toppar Sverige listan över EU-ländernas hittills uppfyllda delar av Parisavtalet. Trots att

Sverige toppar listan så är resultatet dåligt. Totalt underkänns 24 av 27 länder. Endast tre länder anstränger sig för att leva upp till löftena, skriver The Guardian. Sverige hamnar på förstaplats, åtföljd av Tyskland och Frankrike[108].

## Hur påverkar den globala uppvärmning oss i Sverige?

Man kan tycka att lilla Sverige, som orsakar 0,16 procent av jordens växthusgasutsläppen inte har så stor betydelse för helheten.

Naturvårdsverkets bedömning av effekterna av en grads temperaturhöjning:

- Att Skåne får samma klimat som centrala Tyskland.
- Växtsäsongen blir längre.
- Mildare vintrar ökar dock risken att få hit skadeorganismer och smittbärare som kylan hittills har förskonat oss från.

FN:s klimatpanel, IPCC ska förse världens beslutsfattare regelbundet med vetenskapliga bedömningar över klimatförändringar, dess konsekvenser och potentiella framtida risker, samt att presentera förslag till anpassning och begränsningar, skriver de på sin hemsida.

Klimatpanelen forskar inte, utan analyserar *"öppet och transparant"* rapporter för att förstå konsekvenserna och göra en riskbedömningen av klimatförändringar orsakade av människan. Vad bör man göra för att mildra av effekterna.

## Vad säger klimatpanelen om global uppvärmning?

Ett antal klimatmodeller fram till år 2100 har skapats av FN:s klimatpanel där de utgår från vad som kan hända om den globala snitthöjningen blir mellan 1,1 och 6,4 grader. De har kommit fram till att följande troligen inträffar:

- Höjning av havsnivån.
- Följder för jordbruket.
- Fortsatt förtunning av ozonlagret.
- Fler perioder med extrem nederbörd.
- Ökad spridning av sjukdomar.

Detta kan ge stora effekter på ekosystemets struktur och funktion. Djur- och växtlivet kan komma att tvingas till anpassningar – en del arter kan trivas, andra tvingas flytta eller bli utrotade.

## Vad händer med glaciärerna?

Världens glaciärer minskar på grund av den globala uppvärmningen. Allt beror troligen inte på grund av mänsklig inblandning, eftersom klimatsystemet fortfarande inte hämtat sig från den lilla istiden som varade fram till slutet av 1800-talet.

## Tre företag släpper ut mer än hela Sverige[109]

Dagens Industri har granskat utsläppen från 30 bolag på Stockholmsbörsen. De har granskat de utsläpp av växthusgaser som sker utanför egna väggar, till exempel leverans av gods till verksamheten och distribution av de varor som produceras.

- *Det säger något om att det är de största företagen som har störst potential att påverka utsläppen,* säger Nina Ekelund, generalsekreterare för företagsnätverket Hagainitiativet, som arbetar för att minska näringslivets utsläpp.

H&M, Ericsson och Electrolux släpper tillsammans ut 108 miljoner ton växthusgaser varje år – mer än Sverige som nation.

Jämförelse mellan konsumtionssamhälle och ekologiskt hållbart samhälle.

| Vad ett konsumtionssamhälle gör | Vad ett ekologiskt hållbart samhälle gör |
|---|---|
| Energi och andra resurser används som om de vore obegränsade utan oro för avfall och återvinning. | Använder energi och andra resurser effektivt. Använder alltid förnybara resurser där det är möjligt och försöker minimera avfall. |
| Tillverkar/köper varor billigt med kort livslängd. | Försöker tillverka/köpa varor med lång livslängd som kan bevaras och repareras. |
| Producerar varor i väldiga mängder med stor hänsyn till kostnaderna, men inte effekter på människor och miljön. | Överväger och balanserar noggrant alla kostnader. Människor, miljö och kostnader är inbakade i priset. |
| Koncentrerar sig på kortsiktiga kostnadsfördelar och mål. | Försöker visa omsorg om framtiden genom att finna långsiktiga fördelar och mål beträffande kostnader, människor och miljö. |
| Undviker att ta ansvar. Litar på att någon annan t.ex. regeringen utvecklar tekniker för att ta hand om miljöförstöringen. | Ett samhälle som tar ansvar genom att spara på energi och andra resurser. Genomför en omfattande källsortering. |

WWF anser att flera kriterier måste gälla om produktionen ska anses vara hållbar:

- De mest skyddsvärda skogarna måste bevaras.

- Miljövänliga odlingsmetoder måste användas för gödning, bevattning, markbearbetning och bekämpning med säker arbetsmiljö och rättvisa arbetsvillkor
- Lokalbefolkningens och minoritetsgruppernas rättigheter måste respekteras
- Det måste finnas effektiva regelverk med tydliga lagar samt resurser för att kontrollera att de efterföljs.

## Klimatet påverkar vår kosthållning

En studie från Oxford visar[110]:

- **Klimatförändringarnas effekt**
  Att fler människor kommer att dö till följd av klimatförändringarnas effekt på vår kosthållning än av svält.

- **Matkonsumtion**
  Framtidens matkonsumtion förväntas att öka med en stigande befolkningsmängd och en växande ekonomi. Samtidigt stiger temperaturen, vilket kommer mynna ut i en minskad matproduktion av grödor och mindre skördar.
  I Kina och Indien beräknas fler dö av en minskad matproduktion.

- **Stigande matpriser**
  Konsekvenserna av detta blir stigande matpriser som kommer att leda till fler svältande människor.

  De stigande matpriserna kommer också att ta sig uttryck i priset på frukt och grönsaker vilket kommer att resultera i ett minskat intag av just frukt och grönsaker. Det beräknas att orsaka dubbelt så många dödsfall som svält årligen.

- **Klimatrelaterade dödsfall**
  I Sverige och andra i-länder beräknas majoriteten klimatrelaterade dödsfall att bero på ett lågt intag av frukt och grönsaker.

## Klimatsmart mat[111]

Karlstads kommun har genomfört Klimatsmart mat, ett projekt som fokuserade på hållbarhetsfrågor kopplat till måltidsverksamheten. Flera förvaltningar deltog:

- barn- och ungdomsförvaltningen,
- gymnasie- och vuxenutbildningsförvaltningen och
- miljöförvaltningen.

### Resultat

Engagemanget hos måltidspersonalen i hållbarhetsfrågorna har vuxit sig stark och blivit en självklar del i verksamheter. Man hittade kreativa lösningar i en hållbar riktning, som spridit engagemang och kunskap till eleverna på ett fantastiskt sätt!

- Matsvinnet på Karlstads kommuns skolor har minskat med 46 %, det motsvarar 60 ton mat!

- Minskningen av matsvinnet på skolorna har gett besparingar på 1,7 miljoner kronor.

- Minskning av klimatpåverkan som är jämförbar med utsläppen från en bil som kör 39 varv runt jorden.

- Matsvinnet på förskolorna har minskat med 40 %.

- De ekologiska inköpen har ökat till 35 %.

- Majoriteten av tillagningsköken KRAV-certifierades.

- Klimatpåverkan från köttkonsumtionen har minskat med 42% och allt fler klimatsmarta rätter serveras.

Stort fokus har legat på utbildning för måltidspersonal, både teoretiska utbildningar och praktisk matlagning i mer hållbara rätter.

## Några positiva tecken

Låt oss granska några av de viktigaste positiva exemplen:

1. **Utsläpp planar ut trots tillväxt**

   För tredje året i rad ökar inte koldioxidutsläppen i världen, trots en ihållande ekonomisk tillväxt[112].

   - *Det ser ju ut som om utsläppskurvan därmed ha brutits*, säger klimatminister Isabella Lövin.

   Att koldioxidutsläppen har stabiliserats är extra betydelsefullt eftersom det har skett under en period av ihållande ekonomisk tillväxt i världen. Just nu är den årliga globala tillväxten 3 procent, enligt internationella valutafonden (IMF).

2. **Nya energikällor**

   86 procent av alla nya energikällor i EU-länder under 2016 utgjordes av förnybart – vatten-, sol- och vindenergi och biomassa[113].

3. **Förnybar energi nu större energikälla än kol**

   Även om kol fortfarande genererar mer, så har förnybara energikällor numera högre kapacitet än kolenergin, skriver Financial Times[114].

   Omkring 500 000 solpaneler installerades varje dag under 2016.

I Kina byggdes två vindkraftverk i timmen enligt Internationella energirådet (IEA). Det finns också några exempel lovande utvecklingsprojekt, som kan överföras i stor skala och bidra till att minska utsläpp av klimatpåverkande ämnen.

4. **Bränsleceller** omvandlar väte och syre till vatten plus energi.

5. **Försök görs med infångning av koldioxid**
   Chalmers tekniska högskola och Stockholms universitet har i samverkan utvecklat ett nytt material för infångning av koldioxid. Hög infångningsförmåga, hållbar sammansättning, till lägre användningskostnad – är bara några exempel på materialets många fördelar[115].

6. **Kolsänkning**
   Redan idag prövas metoden att lagra koldioxid från olja och kol i marken. Utsläppen av koldioxid från värmeverk och pappersbruk ökar skogens klimatnytta väsentligt. Först suger skogen koldioxid ur atmosfären, och sedan lagras koldioxiden i marken[116].

## Fakta om global uppvärmning[117]

I princip alla forskare är överens om att den globala uppvärmningen beror på människans miljöutsläpp och den förbrukning av alla naturresurser som sker i en skrämmande fart.

1. Metangasen från kreaturdjuren ett större problem än vad hela oljeindustrin är varför vi måste minska vår köttkonsumtion.

2. En sjättedel av alla djur och växter vi känner till idag snart kommer att dö ut på grund av den globala uppvärmning.

3. På de senaste 50 åren har havsnivån stigit med i snitt 20 cm tack vare all is som smälter.

4. Nivån av koldioxid i atmosfären har aldrig någonsin varit så hög som den är idag.

5. På vår Jord var 2010 det varmaste året vi upplevt under modern tid.

## FN:s klimatrapport oroar – så lång tid har vi på oss att stabilisera klimatet[118]

FN:s klimatrapport försöker få oss att inse att vi nu måste vidta åtgärder. Klimatkrisen har blivit mer och mer påtaglig och världen och vi har mindre än 10 år på oss att stabilisera uppvärmningen om vi ska nå Parisavtalets mål på en global uppvärmning på 1,5 grader. Man anser att det finns en risk att den globala uppvärmningen skulle bli 2 istället för 1,5 grader. Koldioxidutsläppen måste ner med 45 procent från 2010 års nivåer till 2030.

Man anser att vi behöver ändra det mänskliga levernet på ett sätt som vi aldrig ändrat det förut.

**Måste stoppa utsläppen helt**

Vi behöver sätta stopp för allt utsläpp år 2050 eller på annat sätt få bort lika mycket koldioxid från luften som vi människor redan har släppt ut.

**Hela värden måste öka tempot**

- *För att ha en chans att stabilisera uppvärmningen till 1,5 grader, så har vi ett läge där vi i princip har mindre än 10 år kvar om vi fortsätter släppa ut som i dag. Vi måste ge oss in i en takt av utsläppsminskningar som överskrider den takt som även de bästa länderna i världen följer. Hela världen måste drastiskt öka tempot och de kommande tio åren blir helt avgörande,* säger Johan Rockström, professor i miljövetenskap till Aftonbladet

**Ännu finns det hopp**

- *Om alla utsläpp försvann idag så skulle inte planeten nå uppvärmningen på 2 grader. Det är även troligt att det skulle generera fler åtgärder för att rädda klimatet om vi skulle fokusera på 1,5 graders målet,* säger Jim Skea, vice ordförande för FN:s klimatpanel, skriver The Washington Post.

# SÅ KAN KLIMATUTSLÄPPEN HALVERAS TILL 2030

## Klimatutsläpp kan halveras till 2030

Världens utsläpp av växthusgaser kan halveras till år 2030. En ny global rapport påstår detta[119,120]:

Sol- och vindkraft ökar exponentiellt med en fördubbling ungefär vart fjärde år, något som forskarna inte väntade sig vilket medför att mängden elektricitet från fossila energikällor till 2030 kan halveras.

Alla sektorer i världsekonomin har potential att snabbt halvera sina utsläpp av växthusgaser med teknisk och politisk hjälp. Rockström nämner byggsektor, flygsektorn, transportsektorn och jordbruket.

Johan Rockström kallar USA för "*paradoxens land*" på den

punkten. Sammantaget gör världen lite mer fel än rätt på grund av att många fortsätter med kol och olja.

*"Bakåtsträvarna"* kommer inte att vända på agendan, men de kan mycket möjligt bromsa in den.

- *Om man har politiskt ledarskap likt det president Trump representerar... Jag tror inte vi förlorar så många år,* säger Johan Rockström.

**Industriländerna har huvudansvaret**

Åtskilliga länder har lovat att minska sina utsläpp av växthusgaser. Industriländerna har huvudansvaret för att det blir gjort.

- **Kyotoprotokollet**
  I det så kallade Kyotoprotokollet, som är en del i Klimatkonventionen, har I-länderna åtagit sig att minska sina utsläpp av växthusgaser.

- **EU-länderna**
  EU-länderna ska gemensamt minska utsläppen med åtta procent. Teknikutvecklingen spelar en avgörande roll för att kunna tillföra mindre energi för samma nytta, exempelvis bränslesnålare bilar.

- **Minskade utsläpp**
  Utsläppen av svavel, kväveoxider och andra föroreningar har minskat tack vare internationella

överenskommelser.

- **Minskade svavelutsläpp**
  Vi svenskar har minskat svavelutsläppen med 95 procent sedan år 1970 tack vare minskad oljeanvändning och lägre svavelhalter i oljan.

- **Utsläppstak för kvävedioxid**
  EU:s medlemsländer har kommit överens om ett utsläppstak för kvävedioxid. Att vi numera har katalytisk avgasrening på våra bilar har betytt mycket för att minska kväveutsläppen.

Än är det inte för sent! Växthusgaser kan halveras till år 2030. I en ny global rapport där den svenske professorn Johan Rockström deltagit. Man vill försöka öka takten för de förnybara energikällorna.

Rapporten visar att sol- och vindkraft ökar exponentiellt med en fördubbling ungefär vart fjärde år, vilket överraskar forskarna. Med den takten så halveras mängden elektricitet från fossila energikällor till 2030, om exempelvis vindkraftverk ersätter kolkraftverken.

- *Vi har faktiskt startat utfasningen av de fossila energikällorna. Vi är i början på slutet av den eran,* säger Johan Rockström.

Den globala uppvärmningen hotar livet på jorden visar FN:s larmrapport[121].

- Svenskarna är inte lika oroliga för farorna med klimatförändringar som den genomsnittlige EU-medborgaren.
- Svenska områden med ökad översvämningsrisk finns i flera kustnära svenska samhällen.
- Den kan ha orsakat stora skogsbränder och vattenbrist med sinande brunnar på många håll.
- På det direkta påståendet "Jag är oroad eller mycket oroad över klimatförändringarna" svarar 63 procent av svenskarna ja, att jämföra med 78 procent bland EU-medborgarna som helhet.
- EIB-rapporten visar att oron är större i de sydeuropeiska länderna än i de nordeuropeiska
- Kvinnor och unga mer oroliga. I Sverige är 74 procent av kvinnorna är oroade över effekten på klimatet medan endast 52 procent av männen är det, samtidigt som 59 procent i åldern 18-34 år tror att den globala uppvärmningen beror på mänskligheten medan endast 36 procent av den äldre generationen är av samma åsikt.

## STYRMEDEL

När vi vill minska utsläppen av växthusgaser finns det olika medel att styra utsläppsmängden.

## Juridiska styrmedel

Med juridiska styrmedel avses olika lagar och förordningar gällande trafiken, bilen och föraren. Den listan är lång. I många fall så följer vi dem nästan omedvetet.

## Opinionsbildning

Under en längre tid har myndigheterna och miljöorganisationerna kämpat för att förmå oss att köpa bränslesnåla fossilbilar eller miljöbilar, miljövänliga drivmedel och köra *"ekodriving"* osv. men förändringarna går långsamt.

Vi har väl alla beundrat Greta Thunberg, som med stor envishet berättat det självklara för oss alla. Tidigare har inte budskapet slagit rot hos, utan först med Gretas kristallklara budskap börjar Världen reagera.

Greta har fått kritik, men det gamla talesättet passar in här: *"När man inte gillar budskapet, skjuter man budbäraren."*

## Ekonomiska styrmedel

Med ekonomiska styrmedel försöker man med skatter och avgifter styra bort från det oönskade till mer önskade alternativ.

Vi har tre tydliga exempel:

- Fordonsskatten
- Drivmedelsskatten
- Trängselavgiften

**Fordonsskatten**

Fordonsskatten tas ut genom automatiserad behandling med stöd av de uppgifter som finns i vägtrafikregistret. Beräkningen av en bils fordonsskatt är relativt enkel och för de flesta bilar räknas fordonsskatten ut baserat på $CO_2$-utsläpp[122].

Först och främst består fordonsskatten av en grundavgift (360 SEK). För varje gram $CO_2$-utsläpp över 111 g/km läggs 22 SEK till. Detta utgör fordonsskatten för vanliga bensindrivna bilar[123].

**Drivmedelsskatten**

När nivån på drivmedelsskatten höjs ska detta påverka oss att köra mindre.

Exemplet bensin[124]:

| | |
|---|---|
| Skatt | 6,58 kr/l |
| Moms | 3,15 kr/l |
| Bruttomarginal | 1,55 kr/l |
| Produktkostnad | 4,48 kr/l |
| Pris vid pump: | 15,76 kr/l |

Skatt och moms beslutas av regering och riksdag.

**Trängselavgiften**

I Sverige används idag systemet med trängselskatt i Stockholm och Göteborg. Trängselskatten syftar till att minska trängseln, förbättra miljön och bidra till att finansiera infrastruktursatsningar[125].

# VAD ÄR PÅ GÅNG?

## Sveriges utsläpp av växthusgaser[126]

År 2016 var Sveriges totala utsläpp av växthusgaser 53 miljoner ton koldioxid. Jämfört med 1990 minskade mängden med 25 procent.

## Artificiella lövet

Några forskare har skapat en konstgjord fotosyntes där luftens koldioxid har omvandlats till metanol. Atmosfärens koldioxid bildar syre och druvsocker men det konstgjorda bladet bildar istället koldioxiden som bränsle i form av metanol[127].

Röd kopparoxid förekommer naturligt i mineralet kuprit, men forskarna har istället framställt kuprit genom en kemisk reaktion där glukos, kopparacetat, natriumhydroxid och natriumdodecylsulfat blandas med vatten och hettas upp till en viss temperatur.

Då bildas ett billigt pulver som har manipulerats för att innehålla så många åttasidiga partiklar som möjligt. Detta ger tillsammans med vatten en katalysator när koldioxid pumpas in och lösningen utsätts för en simulerad sol i form av vitt ljus.

Reaktionen producerar syre medan koldioxiden tillsammans med vattnet och pulvret omvandlas till metanol som avskiljs i en enkel destillation. Nästa steg är att skala upp metoden för att öka avkastningen av metanol.

- *Jag är extremt uppspelt över den potential som den här upptäckten har för att kunna förändra spelplanen. Klimatförändringen är ett akut problem, och vi kan bidra till att minska koldioxidutsläppen samtidigt som vi skapar ett alternativt bränsle*, säger Yimin Wu vid Waterloo Institute for Nanotechnology.

Man har tidigare vid University of Cambridge omvandlat vatten och koldioxid till en syntetgas (CO och $H_2$). Gasen kan användas till bränslen, plaster, gödsel eller läkemedel.

## Olika scenarier

Tidningen Dagens Arena har i en intressant artikel redovisat vad de ser för påverkan på olika delar av världen vid olika temperaturökningsnivåer[128]. Artikeln rekommenderas.

En studie från University of Washington ger bara 5 procents chans att världens länder kommer att klarar tvågradersmålet.

De tror istället att det är en 90 procentig risk att uppvärmningen fram till 2100 landar mellan 2–4,9 grader globalt. Man tror att vi kan minska länders koldioxidutsläpp med 90 procent under detta århundrade. Men detta är inte tillräckliga för att världen ska klara gränsen på 2 graders uppvärmning menar forskarna.

Vi kan tyvärr inte dra slutsatsen, att nu är faran över år 2050. Vi måste fortsätta leva med de förändrade livsvillkor som fört oss fram till 2050-års samhälle. Vi måste fortsätta att forma vår framtid med fler åtaganden för att hejda den framtida växthusgasstegringen.

Med en genomsnittlig temperaturökning över två grader går klimatförändringarna över de oåterkalleliga trösklar som klimatforskarna kallar för »*points of no return*«, då finns det ingen återvändo.

Haven har en förmåga att ta upp koldioxid, men bara till en viss mängd. Den mängden är snart nådd.

Vi kan inte frånsäga oss ansvaret eftersom många av de effekter, som redovisas är en följd av hur vi människor lever. Den enskilt största källan för växthusgaser är de fossildrivna bilarna.

Vädret ändras timme för timme. Den ena dagen är inte den andra lik. Och vädret är olika från plats till plats.

Ena sommaren är varm, den andra sval. Hur vet man då om vi drabbats av en global uppvärmning?

När jordens temperatur mäts regelbundet kan man jämföra mätresultaten över längre tid. Forskare har kommit fram till att den globala genomsnittstemperaturen stigit med 0,56–0,92 grader under 1900-talet. Två tredjedelar av höjningen skett de senaste 50 åren.

FN:s klimatpanel instämmer i att temperaturhöjningen med stor sannolikhet är orsakad av människans utsläpp av växthusgaser. Icke mänskliga faktorer som vulkanutbrott och skillnader av solaktiviteten har sedan 1950-talet bara marginellt minskat uppvärmningen.
Vad händer om jorden värms upp? Global uppvärmning har stora konsekvenser och är svåra att överblicka. Vi kan vänta oss ett antal direkta konsekvenser som smältande glaciärer, stigande havsnivåer, förändrade förutsättning-

ar för jordbruket och ändrade levnadsvillkor för djur.

Andra följder kan vara extrema väderhändelser, spridning av tropiska sjukdomar och ekonomiska återverkningar. Vi kommer också att få ett stort antal klimatflyktingar om stigande havsnivåer lägger landsdelar och kuststäder under vatten.

2018 var effekterna dystra. Det räcker inte att dra ner på bilresandet och att strunta i flyget för att rädda planeten, skrev Expressen i augusti 2019.

## Koldioxidnivåerna förändrar växtligheten[129]

Förhoppningen var att växtligheten ska kunna ta upp en del av all koldioxid vi släpper ut men flera studier visar nu att växterna inte riktigt betett sig som människan förväntat sig.

Forskare har funnit att fytoplankton i norra Atlanten och Nordsjön förändrats mellan 1965 och 2010 till följd av ökade koldioxidutsläpp. Det är de encelliga och kalkskaliga coccolitoforerna, en typ av alger, som ökat med tio procent. Det är just dessa plankton som tycks klara de nya förhållandena så bra.

## Skym solen för att bromsa uppvärmningen!

Det finns många förslag hur vi kan rädda klimatet. Några

Harvardforskana föreslår att vi ska fylla den lägre stratosfären med sulfat vilket skulle kunna reflektera solljuset och bromsa planetens uppvärmning. Enligt Harvardforskarna skulle detta kosta bara drygt 20 miljarder kronor per år att spraya hela jorden.

I en avhandling utforskas möjligheterna för att bromsa jordens uppvärmning genom att spraya den lägre stratosfären med sulfat – det vill säga salter av svavelsyra[130].

Idén har hämtats från effekterna av tidigare vulkanutbrott. Vid dessa har planeten kylts ned effektivt, och vid de största utbrotten tror man att det utestängda solljuset har bidragit till jordens istider. De askmoln som då spreds innehöll bland annat svaveldioxid, som bildar sulfataerosoler. Avhandlingen konstaterar att man kan åstadkomma en liknande effekt kemiskt med en så kallad stratospheric aerosol injection (SAI).

Harvardforskarna anser att det är mycket billigt att genomföra. De beräknar att man skulle kunna spraya hela planeten för så lite som 20.4 miljarder kronor per år – en behandling som skulle upprepas under 15 år.

Arbetet har bland annat kommenterats av Phil Williamson vid University of East Anglia, och han ser lösningen som osannolik.

- *Sådana scenarion är fyllda med problem, och att nå en internationell överenskommelse kring att dra igång en sådan insats känns i princip som en omöjlig sak att åstadkomma,* säger han till Engineering and Technology.

## Forskare vill frysa om Arktis med vattenpumpar

Några forskare har en plan: *Tio miljoner pumper ska ösa upp vatten på istäcket för att göra det tjockare.*

Bakom projektet står en grupp forskare vid Arizona State University i USA. De har en enkel plan för att lösa problemet med enorma mängder smältande is i Arktis[131].

Man behöver tio miljoner vattenpumpar och kan beräknas till 500 miljarder dollar (4,5 biljoner kronor).

Det är de vinddrivna pumparna som kostar. De ska transportera upp vatten till isens yta, där det kommer att frysa och göra istäcket tjockare.

Det behövs 100 miljoner ton stål, och det kommer att ta cirka tio år. De många pumparna ska spridas ut över tio procent av Arktis och göra isen en meter tjockare.

## Klimatsmarta tips[132]

- Byt alla lampor till bra LED-lampor.
- Spara onödig elförbrukning
    - släcka lampor när ljuset inte behövs,
    - dra ur mobilladdare när de inte används
    - stänga av apparater istället för att ha dem i standby-läge.
- Täta kring fönster och dörrar. Använd gärna tjocka gardiner att dra för på natten.
- Sänk värmen med en grad, ta på dig mer kläder istället.
- Tvätta i 30 eller 40 grader istället för 60 grader, så ofta som möjligt.
- Spara på varmvattnet
- Kolla upp möjligheten att tilläggsisolera om du bor i ett gammalt hus.
- Byt fossil värme och el till förnybar från vind, sol, vatten och geotermisk energi.
- Minska matsvinnet genom att planera inköpen.
- Cykla och åk kollektivt.
- Jobba hemma någon dag i veckan om det är möjligt.
- När du behöver köpa något nytt till hemmet, kolla först begagnatmarknaden.
- Välj gärna saker av hög kvalitet som håller länge.
- Ta hjälp av miljö- och energimärkningen.

- Engagera dig i miljöfrågor och ställ krav på kommunpolitiker

Klimatfakta anser att till 2050 bör utsläppen av växthusgaser minska med mellan 50 och 100 procent för att undvika farliga klimatförändringar. Man listar10 krafttag som du som privatperson kan välja ibland om du vill göra en markant skillnad på dina utsläpp av växthusgaser.

- **Minska ditt flygande**
  Flygresandet står fortfarande för en mindre del av koldioxidutsläppen men ökar mycket fort. Dessutom finns det tecken på att just flyg är ett extra skadligt sätt att förbränna fossila bränslen på genom den vattenånga som släpps ut på hög höjd och därigenom ytterligare bidrar till uppvärmningen. En enda Thailandresa med flyg utgör en tredjedel av en typisk svensks årliga koldioxidutsläpp.

- **Bli vegetarian**
  Världens köttproduktion generar mer utsläpp av växthusgaser än världens transporter. En radikal åtgärd är att avstå från kött som vi faktiskt inte behöver om man äter balanserat. En mindre drastisk åtgärd än att bli vegetarian är att helt enkelt äta

som du (eller dina föräldrar) gjorde 1990. Man kan också bli vegetarian en dag i veckan.

- **Skaffa färre barn**
  Enligt FN så kommer 2005 års befolkning på 6,5 miljarder i världen öka med mellan 20 och 65 procent till 2050. Du kan dra ditt strå till stacken genom att skaffa färre barn. Skaffar du fler än två barn bidrar du till befolkningsökningen.

- **Bo mindre**
  Vårt boende står för en stor del av vår energiförbrukning. Det är naturligtvis bra att isolera och sänka innertemperaturen men de riktigt drastiska minskningarna åstadkommer du genom att flytta från en stor villa till en mindre villa eller från en villa till en lägenhet.

- **Köp mer tjänster**
  Flera av tipsen i denna artikel gör att du sparar pengar. Det gäller att se till att du inte använder de sparade pengarna till någon annan lika skadlig konsumtion, i så fall är inget vunnet. Exempel på tjänster med lågt energiinnehåll för privatpersoner är: restaurangbesök, kurser, massage, hemhjälp, hantverkare, bio och konserter.

- **Jobba mindre**
  Detta är kanske den mest heliga kon av dem alla. Det är bra att jobba helt enkelt. Men när allt fler har allt de behöver utom tillräckligt med tid, så borde ju den mest efterfrågade produkten vara tid? Den kan vi "köpa" av vår arbetsgivare genom att jobba mindre. Om vi jobbar mindre så tjänar vi mindre och vår klimatpåverkan minskar i ungefär samma utsträckning som våra inkomster.

- **Bo på rätt ställe**
  Det sämsta stället att bo på ur ett klimatperspektiv är i en storstadsförort med dålig kollektivtrafik och långt till jobbet. I många fall leder ett sådant boende att bilen måste användas för alla resor till och från jobbet, att hämta barnen på dagis eller skola, alla inköp och så vidare.

- **Engagera dig**
  Mänskligheten står nu inför den kanske största utmaningen någonsin. Vad är du bra på?
    - Som entreprenör kanske du kan skapa morgondagens energisnåla lösningar?
    - Som anställd kanske du kan våga ifrågasätta ditt företags slöseri med energi och resor?

- Som politiker kanske du kan våga utmana dina väljare med en realistisk vision om hur vi ska ta oss igenom detta? Det är du som bäst vet vad du kan göra. Det känns bättre att göra något än att bara sitta och titta på när det går utför.

- **Lär dina barn**
  Våra konsumtionsvanor måste i grunden läggas om. På vilket sätt förbereder du dina barn för de framtida utmaningar de kommer att möta och gör dem till en del av lösningen?

- **Rösta rätt**
  Vi vill inte ha ett politisk system där vi tvingar folk till drastiska åtgärder så som de som listas i denna bok. Däremot vore det mycket bra om vi hade ett politiskt system som uppmuntrar folk till rätt val. Så är inte fallet idag, i många fall motarbetar våra lagar och regler de förändringar som behövs.

- **Ränteavdrag**
  Ränteavdrag för villaägare uppmuntrar till ett större boende

## Välj rätt grönsaker och frukt

Vissa grönsakerna ska du sluta köpa. Minska din klimatångest genom att göra några smarta val vid frukt- och grönsaksdisken. Sättet vi producerar och konsumerar mat är avgörande för klimatet[133].

- *Det är goda nyheter: att tänka på dina matvanor är ett ypperligt sätt att bota din klimatångest genom att själv göra en god gärning för miljön,* säger Victoria Bignet, doktorand vid Stockholm universitet med inriktning på hållbar mat och medförfattare till nya kokboken Eat Good: recept som förändrar världen.
- *Störst nytta för klimatet gör en minskad köttkonsumtion och att inte slänga mat. Men även frukt och grönsaker kan vara klimatbovar.*
- *Med detta sagt ska man inte skuldbelägga sig själv för att man äter en avokado eller kiwi någon gång då och då, relativt sett har frukt och grönt en låg klimatpåverkan. Dessutom är mångfald på tallriken bra för hälsan.*

Tumregler:

1. Välj närproducerat: För just frukt och grönt står transporter för en betydande del av de totala utsläppen. Framförallt gäller det känsliga grönsaker som ofta flygs eller körs med kyltransport.
2. Undvik att köpa från regioner som leder till miljöbelastning i känsliga natursystem, som exempelvis Kongobäckenet i Afrika, Amazonas i Sydamerika

och regnskogsområden i Sydostasien (främst i Malaysia och Indonesien).

3. Välj grönsaker efter säsong eller odlade i fossilfria växthus.
4. Välj gärna hållbarhetscertifierat, som KRAV-märkt.

Undvik detta:

1. Importerade bär. Vissa bär, som blåbär, goji eller acai, flygtransporteras långt vilket genererar stora utsläpp. Trenden kring importerade "superbär" har även lett till att de massproduceras vilket skapar intrång av jordbruk i känsliga ekosystem. Ät svenska vilda bär istället. Som konsument kan det vara svårt att veta vilka frukt- och grönsaker som har flygtransporterats, ett tips är att gå in på producentens hemsida eller ringa deras kundtjänst och fråga.
2. Sojabönor från Brasilien. Långa transporter och produktionen sker i känsliga Amazonas. Välj hellre europeiska.
3. Importerade tomater. Köp svenska istället så minimeras transporterna. Även växthusodlade svenska tomater är bättre än exempelvis spanska eller holländska då merparten av svenska växthus drivs av fossilfri energi.

4. Sötpotatis. Vanlig potatis från Sverige fungerar oftast som alternativ i matlagning, vilket minimerar transporter. Köp ibland, men inte alltför ofta.
5. Tropisk frukt och grönt. Som avokado, mango, ananas, banan, papaya, stjärnfrukt. Mindre klimatsmart men bra utifrån ett hälsoperspektiv och dessutom gynnas länderna av sin jordbruksexport. Se till att om möjligt köpa FairTrade och hållbarhetsmärkt.

Välj hellre:

Rotfrukter, kål, broccoli, zucchini, spenat, sparris (på våren), lök och baljväxter som bönor, ärter och linser.

## Sju trender som är bra för klimatet

Här är sju trender som är bra för klimatet, enligt The Guardian[134].

- **Plantbaserad kost**
  Kött- och mjölkproduktionen skapar generellt mycket växthusgaser.

- **Förnybar energi**
  Förnyelsebar energi har fullkomligt exploderat, framför allt när det gäller solcellsenergi och vindkraft.

- **Kolminskning**

  Med förnyelsebar energi minskar också användningen av kol. Kol för uppvärmning har exempelvis i Sverige minskat kraftigt men är fortfarande stor vid ståltillverkning. Användningen av fossila bränslen står för drygt 30 procent av Sveriges totala energianvändning, enligt Naturvårdsverket.

- **Elbilar**

  Eldrivna bilar och andra mer miljömässiga bilar ökar. Sverige får en allt högra andel elbilar och är nu på andra plats i världen efter Norge.

- **Batterier**

  Priset för elbilar och andra förnyelsebara alternativ bestäms till stor del av priset på litiumjonbatterier.

- **Energieffektivisering**

  Sverige kan nästan halvera sin energianvändning genom effektivare energianvändning, det som brukas kallas "negawatt", enligt Naturskyddsföreningen.

- **Skogsfokus**

  Stora skogsskövlingar påverkar atmosfärens halt

av koldioxid eftersom skogar behövs för att binda den koldioxid som släpps ut.

## TILL SIST

Snart är det för sent att nå klimatmålen. Tolv år kvar, sedan är det förmodligen för sent. Det är det bistra beskedet i en ny FN-rapport som efterlyser drastiska insatser. Samtidigt ökar koldioxidutsläppen igen för första gången på fyra år – och bara 57 länder tros ha nått sitt utsläppstak 2030[135].

Om inte världens länder trefaldigar ansträngningarna på klimatfronten kommer medeltemperaturen att stiga med tre grader till år 2100, enligt FN:s årliga utsläppsrapport.

Vi kan och vi måste minska utsläppen av växthusgaser. Detta behöver inte nödvändigtvis upplevas som uppoffringar. Mycket av det som vi måste åtgärda är i grunden fråga om lättja och slentrian.

Hur tänker du nu? Erkänn att det finns många goda projekt, som måste innebära en effektivisering i jakten på växthusgaser. Sannolikt kan du inte direkt se effekterna i nya mätdata för vår miljö.

Om du har klimatångest, så är detta en självuppfyllande

utveckling. Din ångest blir lätt passivitet och det bästa du kan göra är att inse att det ärinte för sent. Om vi tar oss an klimatets utmaningar så fixar vi detta.

**Några enkla råd:**

- Välj gärna vegetabilisk mat före animalisk.
- Välj mat som inte måste genomgå många förädlingssteg.
- Välj närproducerad mat
- Välj tåg och cykel före bil och flyg
- Välj bort bomullstyger
- Tänk på att mycket av de vi kallar avfall kan återanvändas eller återvinnas.

# ATT LÄSA

- Utsläppen kan fasas ut till 2060[136]
- Havsnivåerna stiger snabbare än väntat – 153 miljoner människor kan drabbas[137]
- Klimatforskare: Det går snabbare än väntat[138]
- FN:s klimatpanel: Det är bråttom[139]
- IPCC: Det går att begränsa klimatförändringarna[140]
- Vad betyder +2° C global temperaturökning för Sveriges klimat?[141]
- Larm: Koldioxidnivåer ökar rekordsnabbt[142]
- Ny studie: Värmeböljor hotar döda allt fler européer[143]
- 3 sätt att dammsuga jorden på $CO_2$[144]
- Åtta öar försvunna på grund av högre havsnivåer[145]

- Forskare larmar om Antarktis: Kommer skapa kaos i hela världen[146]
- Minst 50 miljoner klimatflyktingar 2050 enligt ny studie[147]
- Världsledande forskare: Klimatförändringar ökar sannolikhet för värmeböljor[148]
- Ny studie Om uppvärmningen når två grader kan delar av jorden bli obeboelig[149]
- Det är värre än du tror – åtta sätt jorden kan gå under på[150]
- Vi är den första generationen som kan avskaffa fattigdomen och den sista som kan bekämpa klimatförändringarna[151]
- Ge inte upp – vi kan besegra klimathotet[152]
- Så mycket växthusgaser släpper vi ut[153]
- Studie: Tiotals miljoner klimatflyktingar fram till 2050[154]
- Experterna Så kan du bidra till ett bättre klimat[155]
- Områden i Sverige kommer att bli obeboeliga[156]
- Här är platserna i Sverige som kan bli obeboeliga[157]
- Sex nyheter om klimatet du inte får missa[158]
- Klimatförändringarna innebär redan i dag hälsoproblem för miljontals människor runt om i världen[159]
- Ett koldioxid neutralt Sverige[160]
- 23 smarta svar att ge till alla klimatskeptiker[161]
- Det nya klimatets vinnare och förlorare[162]
- Jorden är på väg mot en klimatkatastrof[163]

# REFERENSER

---

[1] http://www.forvarmt.se/begrepp-och-forklaringar/tipping-point/
[2] https://supermiljobloggen.se/nyheter/troskelpunkter-for-klimatet/
[3] *https://www.naturvardsverket.se/Sa-mar-miljon/Statistik-A-O/Vaxthusgaser-konsumtionsbaseradeutslapp-per-omrade/*
[4] http://www.expressen.se/nyheter/snart-ar-vi-tio-miljarder-manniskor-pa-jorden/
[5] http://www.metro.se/artikel/här-är-9-saker-som-har-blivit-bättre-sedan-vi-passerade-9-miljoner-i-sverige
[6] http://www.migrationsinfo.se/migration/klimatflyktingar/
[7] http://www.expressen.se/nyheter/snart-ar-vi-tio-miljarder-manniskor-pa-jorden/
[8] VF 21 febr. 2017
[9] http://buzzter.se/trendrapport-2017/?gclid=CMv4kJrCs9ECFUtJGQoduU4HGw
[10] https://www.va.se/nyheter/2017/02/28/bill-gates-en-ny-typ-av-terrorism-kan-sla-ut-30-miljoner-manniskor--pa-mindre-an-1-ar/
[11] https://www.europaportalen.se/2015/09/riv-europas-digitala-murar
[12] http://da.se/2016/08/han-vill-borra-guld-i-massans-inre/
[13] http://pcforalla.idg.se/2.1054/1.367635/10-spannande-visioner-om-framtidens-teknik
[14] http://www.bakom-kulisserna.biz/news/experterna-sa-ser-sverige-ut-om-20-ar/
[15] https://www.voister.se/artikel/2016/09/megatrender-for-mar-framtiden/

[16] FN:s klimatpanel IPCC (AR4, AR5 och 1,5 SR). Carbon Brief och WWFs Living Report, WMO, EEA,

[17] http://www.alltomvetenskap.se/nyheter/vad-vet-vi-om-framtidens-klimat

[18] http://www.msn.com/sv-se/nyheter/vetenskap/s%c3%a5-h%c3%a4r-kommer-jorden-se-ut-om-100-%c3%a5r-om-vi-har-tur/ss-AAnlr1p?ocid=UE07DHP#image=19

[19] http://www.aftonbladet.se/senastenytt/ttnyheter/inrikes/article24200116.ab

[20]http://www.smhi.se/polopoly_fs/1.85313!/Menu/general/extGroup/attachmentColHold/mainCol1/file/klimatologi_10.pdf

[21] http://www.naturvardsverket.se/Sa-mar-miljon/Klimat-och-luft/Klimat/

[22] http://www.svd.se/larm-arktis-10-grader-varmare-an-normalt

[23] http://www.svd.se/fn-varnar-for-mansklig-tragedi-klimatloften-racker-inte

[24] https://kundservice.svd.se/Vara-produkter/SvD-som-PDF/

[25] https://sv.wikipedia.org/wiki/V%C3%A4xthusgas

[26] http://www.ekonomifakta.se/Fakta/Miljo/Utslapp-internationellt/Koldioxid-per-capita/

[27] https://www.klimatfakta.info/doku.php?id=vaexthusgaser

[28] http://www.naturvardsverket.se/Sa-mar-miljon/Klimat-och-luft/Klimat/Darfor-blir-det-varmare/

[29] http://www.naturvardsverket.se/Sa-mar-miljon/Klimat-och-luft/Klimat/Darfor-blir-det-varmare/

[30] http://www.aftonbladet.se/nyheter/a/Qze4Q/supervulkanen-kan-snart-fa-utbrott

[31] http://www.ekonomifakta.se/Fakta/Miljo/Utslapp-i-Sverige/Vaxthusgaser/

[32] https://www.transportstyrelsen.se/globalassets/global/press/pm-vagtrafikens-utslapp-160223.pdf

[33] http://www.dn.se/debatt/svenska-stader-riskerar-att-lag-gas-under-vatten/

[34] http://www.vf.se/uncategorized/ar-pruttande-kor-verkligen-sana-miljobovar/

[35]http://old.theclimatescam.se/2008/03/13/rapande-kor-gor-jorden-varmare/

[36] http://www.va.se/nyheter/2016/12/19/maten-star-for-en-fjardedel-av-var-klimatpaverkan/

[37] https://www.europaportalen.se/2017/05/okade-utslapp-i-sverige-minskade-i-eu?utm_source=Europaportalen&utm_campaign=51d46fc668-EMAIL_CAMPAIGN_2017_05_04&utm_medium=email&utm_term=0_9047dbbc1e-51d46fc668-181839829

[38] http://ec.europa.eu/eurostat/documents/2995521/8010076/8-04052017-BP-EN.pdf/7b7462ca-7c53-44a5-bafb-23cc68580c03

[39] http://www.mynewsdesk.com/se/wateraidsverige/pressreleases/ny-rapport-visar-vaerldens-fattigaste-maenniskor-drabbas-vaerst-av-klimatfoeraendringar-1869407

[40] http://www.svd.se/det-behover-du-veta-om-parisavtalet

[41] http://www.nyteknik.se/miljo/utslapp-planar-ut-trots-tillvaxt-6833908?source=carma&utm_custom[cm]=302896222,31788&utm_campaign=mail4

[42] http://www.europaportalen.se/content/stor-andel-nytt-fornybart-i-eu?utm_source=Europaportalen&utm_campaign=348c4b3cc7-EMAIL_CAMPAIGN_2017_02_09&utm_medium=email&utm_term=0_9047dbbc1e-348c4b3cc7-181839829

[43] http://www.di.se/nyheter/fornybar-energi-nu-storre-energikalla-an-kol/

[44] http://www.svd.se/professorns-lov-ska-erovra-varlden-kan-helt-ersatta-oljan
[45] http://supermiljobloggen.se/nyheter/2016/06/lyckat-projekt-pa-island-omvandlar-koldioxid-till-sten
[46] https://www.facebook.com/thomas.otto.71?__tn__=lC-R&eid=ARD-wpJjG6of4tegb0BlofWakoTF_njwqf_KobaZdkkjsGKv-o-Ok70dTcLDfZGMslluict0A2BXUBPAu&hc_ref=ARSXcp-VQrM1h_OuV-hgpK2kh-OP-8X4IN-sPxG11lbsAUwGJzCDv6AhR9ViGF1knWi4&__xts__[0]=68.ARD3lvVivE2QWtx5WFHMmc88pB_xUqYcUoRNYtq8_KqNi2k-9FY-BJW8UlPDUiX2yPUfT4s7KQwiA4bXyBDY2L_dSQG7MfbuiM5vquklphOQ8v8rRtvDDMHuMHBQQyZMz4hGNnMv-frvojl4EDRDD-KmBDJ34UJ6KL07gKKPQA3o0u9fuSPldnXhu3yBNa0YJ_yP7amJJcl9_Snskr-f4ydcLopGmA5yPBMXVekHzPHAx-maYkBGJwylHYoSnRt7EnUxll1xLqG7gUGflRj1mfsr6wDKHXt-CrJYkZ-j4E5dpiQLKorB4At39jPCTG3gtm-cejLN1XUlwv4SSzXdpMNO2KvEaejCDRl8wAD77eS9Jtj-B1SPJDuWw-eg4Ty_cHuHlSA
[47] https://www.svt.se/nyheter/inrikes/kottkonsumtionen-i-sverige-fortsatter-minska
[48] http://www.klimatupplysningen.se/2013/08/28/kossor-klimat/
[49] https://www.klimatfakta.info/doku.php?id=vaexthusgaser
[50] http://www.va.se/nyheter/2016/03/04/manniskor-dor-av-klimatforandringar/
[51] https://www.lrf.se/politikochpaverkan/foretagarvillkor-och-konkurrenskraft/nationell-livsmedelsstrategi/sjalvforsorjning/
[52] https://www.lrf.se/mitt-lrf/nyheter/riks/2018/07/importen-av-livsmedel-fortsatter-oka/

[53] https://www.lrf.se/politikochpaverkan/marknad-och-mervarden/jag-bryr-mig/maten-och-klimatet/
[54] Källa: FAO Tackling climate change through livestock 2013, samt J.P. Lesschen et al. Animal Feed Science and technology, 2011 respektive Lesschen, 2011.
[55] Källa: Landsbygdsnätverket 2016.
[56] Källa: FAO respektive World Resource Institute.
[57] https://www.lrf.se/mitt-lrf/engagera-dig-och-paverka/tank-om/opinionssatsning/bra-argument-for-att-valja-svenskt/visste-du-att/
[58] Källa: FAO respektive Gerber, P.J. et al. Tackling the Climate through Livestock, FAO och J.P. Lesschen et al. Animal Feed Science and technology.
[59] Källa: Jordbruksverket 2015:4.
[60] SCB
[61] SCB
[62] Svenska Sojadialogen, WWF
[63] Naturvårdsverket
[64] Landsbygdsnätverket 2016
[65] LRF
[66] Rapporten Det gröna näringslivet och dess betydelse för samhället.
[67] OECD
[68] Tackling the Climate through Livestock, FAO och Lesschenrapporten
[69] FN
[70] Jordbruksverket
[71] World resources institute
[72] Naturvårdsverket
[73] *https://www.klimatagera.se/*
[74] http://www.alltomvetenskap.se/nyheter/vad-vet-vi-om-framtidens-klimat

[75] http://www.smhi.se/nyhetsarkiv/havsnivan-borjade-stiga-snabbare-efter-1980-nu-ar-takten-3-mm-per-ar-1.6564
[76] http://www.naturvardsverket.se/Sa-mar-miljon/Klimat-och-luft/Klimat/Darfor-blir-det-varmare/Andra-vaxthusgaser/
[77] http://failover.expressen.se/nyheter/naturkatastrofernas-pris-57-biljoner-kronor/index.html
[78] http://www.dn.se/debatt/bara-tre-procent-av-kommu-nerna-har-tillrackligt-skydd-mot-oversvamningar/
[79] http://www.svd.se/sahlgrenska-riskerar-slas-ut--pa-nagra-timmar
[80]http://www.globalis.se/Statistik/Befolkningar-som-bor-laegre-aen-5-meter-oever-havet
[81] http://www.planering.org/plan-blog/2015/9/8/klimatflykt-ningar-det-globala-samhllets-nya-utmaning
[82] http://www.expressen.se/debatt/ge-klimatflyktingar-full-flyktingstatus/
[83] http://www.svd.se/andrat-klimat-kan-driva-miljoner-pa-flykt
[84] http://www.alltomvetenskap.se/nyheter/stoppa-okensprid-ningen
[85]http://www.etc.se/klimat/den-grona-muren-ska-hindra-oken-spridning
[86] http://www.10fakta.se/global-uppvarmning/
[87] http://illvet.se/naturen/klimatforandringar/tio-overras-kande-konsekvenser-av-den-globala-uppvarmningen?SNSub-scribed=true&utm_campaign=20170430&utm_con-tent=3&utm_me-dium=email&utm_source=ILL&email=!!hashedEmail!!
[88] http://illvet.se/naturen/klimatforandringar/3-ovantade-konsekvenser-av-den-global-uppvarmningen#cxrecs_s
[89] https://www.skogssverige.se/skog/fakta-om/den-svenska-skogen
[90] https://paperprovince.com/om-oss/

[91] https://www.extrakt.se/varlden-behover-mer-skog-och-farre-kor/

[92] http://www.wwf.se/wwfs-arbete/skog/problem/klimat-forandring/1130644-skogar-och-klimatforandringar

[93] http://illvet.se/naturen/hur-produceras-syre-pa-jorden

[94] http://www.skogsindustrierna.se/bioekonomi/skogsindustrins-roll-i-bioekonomin/

[95] https://www.skogssverige.se/papper/fakta-om/nya-produkter-fran-skogsravara

[96] https://liu.se/nyhet/lignin-nytt-supergront-bransle-for-branslecell

[97] https://supermiljobloggen.se/nyheter/41-positiva-miljonyheter-fran-aret-som-gatt/

[98] https://kampanj.dn.se/ica/siffrorna-visar-sa-manga-svenskar-har-klimatangest/

[99] https://tidenstecken.wordpress.com/2009/06/13/koka-groda-metaforen/

[100] https://www.expressen.se/nyheter/klimat/15-eller-tva-grader-sa-stor-ar-skillnaden/

[101] https://www.vof.se/skepdic/klimatfornekare/

[102] http://www.reforminstitutet.se/fler-nya-jobb-trots-automatisering/

[103] https://www.resume.se/nyheter/artiklar/2015/02/23/branschjobben-som-snart-kan-ersattas-av-datorer/

[104] http://www.alltomvetenskap.se/nyheter/vad-vet-vi-om-framtidens-klimat

[105] http://www.msn.com/sv-se/nyheter/vetenskap/s%c3%a5-h%c3%a4r-kommer-jorden-se-ut-om-100-%c3%a5r-om-vi-har-tur/ss-AAnlr1p?ocid=UE07DHP#image=19

[106] https://www.regeringen.se/regeringens-politik/parisavtalet/

[107] http://www.svd.se/det-behover-du-veta-om-parisavtalet

[108] http://supermiljobloggen.se/nyheter/2017/03/sverige-far-svag-titel-som-klimatbast-i-eu-manga-lander-ser-ut-att-missa-parisavtalets-mal

[109] https://www.expressen.se/dinapengar/tre-foretag-slapper-ut-mer-an-hela-sverige/

[110] http://www.va.se/nyheter/2016/03/04/manniskor-dor-av-klimatforandringar/

[111] https://karlstad.se/Utbildning-och-barnomsorg/Gymnasium/Skolmaltid/klimatsmart-mat/

[112] http://www.nyteknik.se/miljo/utslapp-planar-ut-trots-tillvaxt-6833908?source=carma&utm_custom[cm]=302896222,31788&utm_campaign=mail4

[113] http://www.europaportalen.se/content/stor-andel-nytt-fornybart-i-eu?utm_source=Europaportalen&utm_campaign=348c4b3cc7-EMAIL_CAMPAIGN_2017_02_09&utm_medium=email&utm_term=0_9047dbbc1e-348c4b3cc7-181839829

[114] http://www.di.se/nyheter/fornybar-energi-nu-storre-energikalla-an-kol/

[115] https://www.chalmers.se/sv/institutioner/chem/nyheter/Sidor/hallbart-material.aspx

[116] https://www.atl.nu/skog/sverige-kan-bli-bast-pa-minusutslapp/

[117] http://www.10fakta.se/global-uppvarmning/

[118] http://www.msn.com/sv-se/nyheter/utrikes/fns-klimatrapport-oroar-%e2%80%93-s%c3%a5-l%c3%a5ng-tid-har-vi-p%c3%a5-oss-att-stabilisera-klimatet/ar-BBO5Tgu?li=BBqxCu3&ocid=LENOVODHP17

[119] https://www.nyteknik.se/miljo/sa-kan-klimatutslappen-halveras-till-2030-6930412

[120] https://www.svt.se/nyheter/inrikes/rapport-klimatut-slapp-kan-halveras-till-2030
[121] https://www.expressen.se/nyheter/klimat/sa-oroliga-ar-svenskarna-over-klimatforandringarna/
[122] https://www.transportstyrelsen.se/sv/vagtrafik/Trang-selskatt/
[123] https://www.carfax.se/guider/fordonsskatt
[124] Svenska Petroleum & Biodrivmedel Institutet
[125] https://www.transportstyrelsen.se/sv/vagtrafik/Trang-selskatt/
[126] http://www.jordbruksverket.se/amnesomraden/miljokli-mat/begransadklimatpaverkan/jordbruketslapperutvaxthus-gaser.4.4b00b7db11efe58e66b8000986.html
[127] https://www.nyteknik.se/innovation/artificiella-lovet-gor-om-koldioxiden-till-metanol-6978098
[128] https://www.dagensarena.se/innehall/det-har-hander-vid-1-5-graders-temperaturhojning/
[129] http://www.alltomvetenskap.se/nyheter/koldioxid-nivaerna-forandrar-vaxtligheten
[130] https://www.nyteknik.se/miljo/himalayas-glaciarer-hart-drabbade-av-klimatforandringar-6936699
[131] https://illvet.se/naturen/is/forskare-vill-frysa-om-arktis-med-vattenpumpar
[132] https://www.wwf.se/klimat/det-har-kan-du-gora/?fbclid=IwAR1YifY9MrWadpTqHFUDqY8wttvsgN-BzuRkBwriVGx45rQoQetk2H4jdL4k
[133] https://www.land.se/mat-dryck/radda-klimatet-har-ar-gronsakerna-som-du-ska-sluta-kopa-nu/
[134] https://www.expressen.se/nyheter/sju-trender-som-ar-bra-for-klimatet/
[135] https://www.nyteknik.se/miljo/fn-snart-for-sent-att-na-kli-matmalen-

6940726?source=carma&utm_custom[cm]=302896222,33270&=

[136] https://www.nyteknik.se/miljo/utslappen-kan-fasas-ut-till-2060-6834203

[137] https://www.nyteknik.se/miljo/havsnivaerna-stiger-snabbbare-an-vantat-153-miljoner-manniskor-kan-drabbas-6889076

[138] https://www.extrakt.se/klimatforskare-det-gar-snabbare-an-vantat/

[139] https://www.extrakt.se/fns-klimatpanel-det-ar-brattom/

[140] https://www.extrakt.se/ipcc-det-gar-att-begransa-klimatforandringarna/

[141] https://www.smhi.se/kunskapsbanken/vad-betyder-2-c-global-temperaturokning-for-sveriges-klimat-1.92072

[142] https://www.nyteknik.se/fordon/larm-koldioxidnivaer-okar-rekordsnabbt-6880583

[143] https://www.nyteknik.se/miljo/ny-studie-varmeboljor-hotar-doda-allt-fler-europeer-6863751

[144] https://illvet.se/naturen/klimatforandringar/3-satt-att-dammsuga-jorden-pa-co2

[145] https://www.nyteknik.se/popularteknik/atta-oar-forsvunna-pa-grund-av-hogre-havsnivaer-6869896

[146] https://www.msn.com/sv-se/nyheter/inrikes/forskare-larmar-om-antarktis-kommer-skapa-kaos-i-hela-v%c3%a4rlden/ar-AAyCHci

[147] https://www.nyteknik.se/miljo/studie-tiotals-miljoner-klimatflyktingar-fram-till-2050-6906496

[148] https://www.svt.se/nyheter/inrikes/varldsledande-forskare-klimatforandringarna-okar-sannolikheten-for-varmeboljor

[149] https://www.expressen.se/nyheter/klimat/nya-klimatlarmet-da-kan-jorden-bli-obeboelig/

[150] https://www.expressen.se/nyheter/qs/klimat/reportage/det-ar-varre-an-du-tror--atta-satt-jorden-kan-ga-under-pa/

[151] https://afrikagrupperna.se/okategoriserade/forsta-generationen-som-kan-utrota-fattigdomen-och-den-sista-som-kan-bekampa-klimatforandringarna/

[152] https://www.expressen.se/debatt/ge-inte-upp-vi-kan-besegra-klimathotet/

[153] https://www.svt.se/nyheter/inrikes/sa-mycket-vaxthusgaser-slapper-vi-ut

[154] https://www.nyteknik.se/miljo/studie-tiotals-miljoner-klimatflyktingar-fram-till-2050-6906496

[155] https://www.svd.se/experterna-lagg-fokus-har-bidra-till-battre-klimat

[156] https://www.svd.se/omraden-i-sverige-kommer-att-bli-obeboeliga

[157] https://int.search.myway.com/search/GGmain.jhtml?p2=%5ECZP%5Exdm103%5ETTAB02%5Ese&ptb=2A4C123B-E3B8-43D7-86E0-B507CD37A121&n=785847FA&cn=SE&ln=sv&si=&tpr=hpsb&trs=wtt&brwsid=c924b5e5-922b-45cf-aff8-73604acc0e82&searchfor=%E2%80%A2%09Omr%C3%A5den+i+Sverige+kommer+att+bli+obeboeliga&st=tab

[158] https://www.svd.se/sex-klimatsaker-du-inte-far-missa-3h4o

[159] http://effektmagasin.se/klimatforandringarna-innebar-redan-i-dag-halsoproblem-for-miljontals-manniskor-runt-om-i-varlden/

[160] https://www.naturvardsverket.se/upload/miljoarbete-i-samhallet/miljoarbete-i-sverige/klimat/fardplan-2050/2050-ett-koldioxidneutralt-sverige.pdf

[161] https://www.expressen.se/nyheter/23-smarta-svar-att-ge-till-alla-klimatskeptiker/

[162] https://fof.se/tidning/2017/4/artikel/det-nya-klimatets-vinnare-forlorare
[163] https://www.expressen.se/nyheter/jorden-ar-pa-vag-mot-en-klimatkatastrof/